国家林业局普通高等教育"十三五"规划教材
高等院校园林与风景园林专业规划实践教材

园林树木栽培学
实验实习指导书

（第 2 版）

叶要妹　主编

中国林业出版社

内 容 简 介

本书概括了编者多年的科研、生产、教学经验，内容紧密联系实际，突出和强调其实践指导性、实用性、可操作性和易自学性。在内容安排上，注重实效和能力培养，信息量大，能反映最新研究成果，且条理清楚、重点突出。其内容包括种子质量检验、苗木培育、栽植养护和园林苗圃调查规划设计4个部分。

本教材适合园林、风景园林、园艺、林学等相关专业的本科、职业院校的学生使用，也可供园林、园艺等生产实践单位和一线生产者参考。

图书在版编目（CIP）数据

园林树木栽培学实验实习指导书/叶要妹主编 . —2 版 . —北京：中国林业出版社，2016. 12
国家林业局普通高等教育"十三五"规划教材 高等院校园林与风景园林专业规划实践教材
ISBN 978-7-5038-8823-6

Ⅰ.①园… Ⅱ.①叶… Ⅲ.①园林树木－栽培技术－实验－高等学校－教学参考资料 Ⅳ.①S68-33

中国版本图书馆 CIP 数据核字（2016）第 296698 号

国家林业局生态文明教材及林业高校教材建设项目

中国林业出版社·教育出版分社

策划编辑：康红梅		责任编辑：田 苗		
电　话：83143551　83143557		传　真：83143516		

出版发行　中国林业出版社（100009 北京西城区德内大街刘海胡同 7 号）
　　　　　E - mail：jiaocaipublic@163. com　电 话：（010）83143500
　　　　　http：//lycb. forestry. gov. cn
经　销　新华书店
印　刷　北京中科印刷有限公司
版　次　2011 年 8 月第 1 版（共印 2 次）
　　　　　2016 年 12 月第 2 版
印　次　2016 年 12 月第 1 次印刷
开　本　787mm×1092mm　1/16
印　张　9
字　数　200
定　价　26. 00 元

《园林树木栽培学实验实习指导书》（第 2 版）

编写人员

主　　编　叶要妹
副 主 编　舒常庆
编写人员（按姓氏拼音排列）
　　　　　　邓光华（江西农业大学）
　　　　　　叶要妹（华中农业大学）
　　　　　　刘卫东（中南林业科技大学）
　　　　　　杨模华（中南林业科技大学）
　　　　　　邹　娜（江西农业大学）
　　　　　　林开文（西南林业大学）
　　　　　　郭学望（华中农业大学）
　　　　　　梅　莉（华中农业大学）
　　　　　　舒常庆（华中农业大学）

《园林树木栽培学实验实习指导书》（第1版）
编写人员

主　　编　叶要妹
编写人员（按拼音顺序排列）
　　　　　陈亮明（中南林业科技大学）
　　　　　邓光华（江西农业大学）
　　　　　郭学望（华中农业大学）
　　　　　连芳青（江西农业大学）
　　　　　林开文（西南林业大学）
　　　　　舒常庆（华中农业大学）
　　　　　杨模华（中南林业科技大学）
　　　　　叶要妹（华中农业大学）

第 2 版前言

Second Edition Preface

《园林树木栽培学实验实习指导书》（第 2 版）是以 2011 年出版的体系和内容为基础，删除落后过时的内容，增加了"Ⅰ种子质量检验"中实验 9、"Ⅳ 园林苗圃调查规划设计"和附录内容；增加了"Ⅱ苗木培育"中实习 8、实习 9 的图片；更新"Ⅱ苗木培育"中实习 14、实习 15 的内容；补充表Ⅲ-1 和附表内容。其他各实验实习根据现有研究成果作了相应资料的更新。

在第 2 版书稿完稿之际，首先对《园林树木栽培学实验实习指导书》（第 1 版）的编者们表示感谢，是他们的辛勤劳动为本书的修订打下了坚实的基础。此次修订工作中，叶要妹负责Ⅱ苗木培育中实习 8、实习 9 和实习 14、实习 15 的修订及最后统稿；邓光华和邹娜共同修订种子质量检验部分；林开文修订苗木培育部分的实习 1～实习 9；刘卫东和杨模华共同修订苗木培育部分的实习 10～实习 15；舒常庆修订栽植养护部分；梅莉编写园林苗圃调查规划设计部分。

限于编者的水平，内容上难免存在疏漏和失误。真诚欢迎广大师生在使用过程中及时提出宝贵的意见和建议，以便修订改进。

编　者

2016 年 4 月

第 1 版前言

First Edition Preface

　　《园林树木栽培学实验实习指导书》是根据园林专业园林树木栽培学的教学计划编写的,是《园林树木栽培学》教材的配套部分。"园林树木栽培学"是园林专业的主干课程,既有很强的理论性,又有极强的实践性。学好这门课程,不仅要重视理论教学,更要重视实践性教学环节。实践性教学环节是整个园林树木栽培学中极其重要的组成部分。为了保证园林树木栽培学实践性教学环节的教学质量,特编写此实验实习指导书。通过这些实践活动,不仅可以帮助学生加深对所学理论内容的理解,而且可以培养学生的动手操作和解决生产实际问题的能力。

　　本指导书种子质量检验、苗木培育部分由叶要妹编写,栽植养护部分由郭学望编写。自 2001 年华中农业大学校内使用以来,先后在园林、风景园林等本科专业使用,而且为校外某些教育和生产部门选用,并多次修订重印。此次正式编辑出版,叶要妹负责前言和最后统稿。邓光华、连芳青修订种子质量检验部分,林开文修订苗木培育部分的实习 1~实习 9,杨模华、陈亮明修订苗木培育部分的实习 10~实习 15,舒常庆修订栽植养护部分。

　　本指导书的内容包括种子质量检验、苗木培育和栽植养护 3 个部分,在实际的教学实践中,可根据学时安排,灵活运用。由于园林树木的种类繁多,习性各异,立地条件、栽培措施以及栽培目的不同,在实际教学中,可根据教学季节与现场,灵活运用。为了提高实验、实习效果,学生最好在教师的指导下,提出试验设计方案,按照方案的要求进行实验、实习环节的实际操作。

编　者

2011 年 4 月

目 录

Contents

I 种子质量检验

实验 1　主要树种种实的构造与识别

一、目的

通过对一些园林树木种实外形特征的观察和粗解剖，从而对种实的外部形态特征和内部一般构造，有一个较为全面的了解，培养学生认识各主要树种种实的能力，为园林树木种子检验工作打下基础。

二、材料与用具

（1）材料：主要树种种实标本 30～40 种。
（2）用具：玻璃板、游标卡尺、电工刀、镊子、解剖针、放大镜、绘图用具。

三、实验内容与操作方法

观察种实外部形态，然后从种实中部横切或纵切，从切面详细观察内部构造，并进一步进行解剖观察，指出各部分的植物学名称。

四、说明

（一）果实的基本类型

果实的基本类型见表 I-1。

表 I-1　果实分类及特征

类　型		特　征	举　例
干果类	**裂果** （果实成熟时，果皮失水干燥而开裂）	1. 蒴果	由合生心皮形成，一室或多室，且多数种子，成熟时果皮干燥开裂，开裂方式多种	紫薇、杨、柳、丁香、连翘、油茶、文冠果、桉、油桐、香椿、泡桐、乌桕、茶树等
		2. 荚果	单室多子，成熟时果皮的背、腹两侧缝线同时开裂，亦有不开裂的	为豆科植物特有的果实，如紫荆、合欢、刺槐等
		3. 角果	由2个心皮结合而成的复子房，中间具假隔膜，种子着生在假隔膜边缘的两侧，果熟时果皮开裂	梓树
		4. 蓇葖果	单室多子，成熟时果皮仅一侧开裂	厚朴、八角、木兰等
	闭果 （果实成熟时，果皮失水干燥，但不开裂）	5. 瘦果	由单雌蕊或2~3个心皮合成复雌蕊的子房发育而成，只有1室1籽，果皮与种皮仅有一处相连，易分离	喜树
		6. 颖果	形似瘦果，但果实成熟时果皮干燥不干裂，种皮与果皮愈合而不能分离	为禾本科植物特有的果实如竹籽
		7. 坚果	由合生心皮形成，具1~3枚种子，成熟时果皮干燥而坚硬，但不开裂，一般多包藏于壳斗或总苞内，种皮膜质	榛、板栗、锥栗、麻栎
		8. 翅果	具有一个或多个翅状附属物的果实。果皮干燥不开裂	杜仲、枫杨、榆、臭椿
球果类			由许多果鳞集成的球状体，每一个果鳞的向轴面常具2枚或更多的种子	为裸子植物松、杉类特有的果实
肉质果类	**肉质果** （果实成熟后肉质多汁）	1. 核果	由一个心皮发育而成，一般内果皮木质化形成核	香樟、桂花、女贞、核桃、桃、李、梅、橄榄、棕榈、无患子、苦楝、檫树等
		2. 浆果	由复子房发育而成，外果皮薄、中果皮与内果皮肉质多汁，含1至多数种子	金银花、金银木、爬山虎、柿、葡萄、猕猴桃、番木瓜等
		3. 梨果	由下位子房与膨大的花托、花被等合生而成的果实	海棠花、山楂、梨、苹果
		4. 柑果	多室多籽，外果皮较厚、革质、具油腺，内果皮薄囊状多汁	柚、橙、橘、柑、柠檬
		5. 聚合果	又称复果。由许多花的子房及其他花器官连合形成的果实	桑、无花果、菠萝、鹅掌楸、枫香等

（二）种实的外部形态

1. 种实大小

用游标卡尺或方格纸直接量数记载，但应注意取其大小有代表性的种实。

2. 种实类型

种实依大小可分5类。

（1）特大粒：如核桃、板栗、油桐、椰子等，千粒重 >2000g；

（2）大粒：如麻栎、银杏、油茶等，千粒重为 600 ~ 1999g；

（3）中粒：如红松、华山松、乌桕、香樟、棕榈等，千粒重为 60 ~ 599g；

（4）小粒：如杉木、马尾松、漆树、刺槐、油松、香椿、金钱松等，千粒重为 1.5 ~ 59.9g；

（5）特小粒：如桑、桉、木麻黄、泡桐、杨等，千粒重 <1.5g。

3. 种实形状

依其外形可分为圆形、卵形、肾形、椭圆形、扁平形、三角形、梭形、扇形等。

4. 种实附属物

种实附属物是指种实表面是否有绒毛、种翅、蜡质、角质层、刺等。

5. 种皮质地

种皮质地有木质、革质、纸质、膜质等。

6. 其他特征

如具有明显的种脐和珠孔等。

（三）种实的粗解剖观察与记载内容

（1）种皮：层次、颜色、质地等。

（2）胚乳：有无、颜色。

（3）胚：胚芽、子叶、胚轴、胚根。

五、思考题

1. 果实有哪几种基本类型？常见园林树种种实属于哪种类型？

2. 种实的识别与解剖对生产有何指导意义？

实验2 抽样

一、目的

种子质量检验，是指从被检验的种子中取出具有代表性的样品，通过对样品的检验来评定种子的质量。通过学习抽样方法，使抽出的样品对一个种批具有最大的代表性。

二、材料与用具

园林树木种子（散装、袋装各1批）、台秤、棕刷、广口瓶、套管取样器、锥形取样器、圆锥形分样器。

三、原理

一批种子实质上是一个混合物，由于种子的散落性和自然分级的作用，其中各种成分不可能均匀分布，任意从某一点抽取的样品，绝不可能代表整批种子。因此，只有根据随机的原理，按照一定的程序，才能保证样品真实地代表该批种子的成分及其比例，否则，无论检验工作如何细致精细，其结果也不能代表该批种子的特点。为此，抽样前必须理解以下几个概念：

1. 种批

具备下列条件的同一树种种子，称为一个种批。

①在一个县（林业局）、乡镇（林场）范围内的相似立地条件上或在同一处良种基地内采集。②采种林龄、树龄大致相同。③采种时间和方法大致相同。④种实调制和贮藏方法相同。⑤重量不超过下述限额：如超过限额应另划种批，但种子集中产区可以适当加大种批限额。特大粒种子（核桃、板栗、油桐等）为10 000kg；大粒种子（麻栎、银杏、油茶）为5000kg；中粒种子（红松、华山松、香樟、沙枣等）为3500kg；小粒种子（女贞、油松、落叶松、杉木、刺槐等）为1000kg；特小粒种子（桉、桑、泡桐、木麻黄等）为250kg。重量超过规定5％时需另划种批。

2. 初次样品

从盛装同一批种子的不同容器（或散堆种子）中或不同部位中逐次抽取样品时，每一次抽取的一份种子称为一份初次样品。

3. 混合样品

从一个种批中取出的所有初次样品放在一起充分混合，叫作混合样品。混合样品的重量一般不能少于送检样品的10倍。

4. 送检样品

按一定程序从混合样品中分取一部分供做检验用的种子，叫送检样品。送检样品的最低数量参见表Ⅰ-2；如需鉴定含水量，应从同一份混合样品中另行抽取样品，其最低量见表Ⅰ-3。

表 Ⅰ-2 送检样品最低量表

g

树　　种	送检样品最低量
柏木、落叶松、云杉、柳杉、桉树、冲天柏	35
水杉、桑、木麻黄	15
杨属、泡桐	6
杉　木	50

（续）

树　种	送检样品最低量
马尾松、黑松、黄山松、云南松、香椿、毛竹、紫穗槐	85
池杉、落羽杉、槐树	600
杜仲、枫杨、檫木、鹅掌楸、水曲柳	400
侧柏、湿地松、火炬松、喜树、刺槐、白蜡、香椿、金钱松	200
华山松、棕榈	1000
乌　柏	850
银杏、油桐、油茶、锥栗、栎属、楝树	>500 粒
核桃、薄壳山核桃	>300 粒

表 Ⅰ-3　供测定含水量的样品最低值　　　　　　　　　　　　　g

树　种	样品最低量
板栗、栎类、银杏、油桐、油茶、楝树、川楝	>120 粒
红松、华山松、白皮松、池杉、元宝枫、皂角、乌柏	100
油松、湿地松、火炬松、金钱松、枫杨、檫木、相思树、喜树、白蜡树、水曲柳、沙枣、刺槐、臭椿	50
云杉、马尾松、黄山松、黑松、杉木、柳杉、水杉、云南松、木麻黄	30

5. 测定样品（试验样品）

测定样品是从送检样品中按一定程序分出的样品，供某一项品质测定用的种子。

每一个样品必须具备有标签，使样品同种批之间建立联系，同一内容的标签，一张贴附容器外，一张放在容器内。样品通常装入麻袋、布袋或纸袋，供测定水分用的样品，应装入防湿容器；供发芽试验用的样品，不能用防湿容器盛装。

四、实验内容与操作方法

1. 抽取初次样品组成混合样品

（1）用套管取样器抽取初次样品：套管取样器是一个紧密套合的双层空心尖头的光滑金属管，内外两层套管开有同样大小的狭缝或圆孔，当内管的孔缝旋到外管孔缝的位置时，种子便落入内管，再将内管旋转半周，孔缝即关闭。有的取样器内管装有若干隔板，把它分成若干个室。有隔板的套管取样器可以水平使用，也可以垂直使用；无隔板的一般不宜垂直使用，否则，开启取样器的孔缝时，从上层落入取样器的种子可能偏多。

取样时，取样器呈关闭状态插入袋内，开启孔缝，转动两次或轻轻摇动，使种子装满内管，然后关闭、抽出。取出的种子倒入一个适当的容器内或摊放在一张纸上，这样一次抽出的种子即为一个初次样品。从各个容器的不同部位继续抽取，直至略大于送检样品所规定的数量（表 I-2）的 10 倍。

关闭取样器时，应注意不要夹破或夹伤种子，取样器从袋内抽出后，尖端应在孔洞相对的方向来回振动几下，关闭麻袋孔洞，以免种子漏出。

（2）用锥形取样器抽取初次样品：将锥形取样器的尖头略朝上，凹槽的一面向下，慢慢插入袋内，将取样器旋转 180°，使凹槽向上，然后抽出取样器，即得一个初次样品，继续抽取，直至略大于送检样品最低量的 10 倍。

（3）徒手取样：在某些情况下必须徒手取样，但种子的深度超过 40cm 时，一般难于徒手取样，这时可以将袋内的种子倒出一部分，取满规定的数量后再装入。徒手取样时，要保持手指密缝，不使种子或夹杂物漏掉。

如一批种子分装在若干件容器内，抽样强度为：5 个容器以下的，每个容器都抽取，抽取初次样品的总数不得少于 5 个；6～30 个容器的，每 3 个容器至少抽取 1 个，但总数不得少于 5 个；31～400 个容器的，每 5 个容器至少抽取 1 个，但总数不得少于 10 个；401 个容器以上的，每 7 个容器至少抽取 1 个，但总数不得少于 80 个。

2. 用圆锥形分样器从混合样品中提取送检样品

圆锥形分样器有大小两种型号，以适用于大小不同的种子，其主要结构是：漏斗底部的活门中心正对一个圆锥体的锥顶，圆锥体四周有一组把种子分别导向两个出口的隔板，开启活门时，漏斗中的种子由于重力而下落，通过圆锥体均匀而随机地进入隔板所组成的通道，大约一半种子从一个出口落出，另一半种子从另一个出口落出，两个出口处各放一个盛种罐承接落出的种子。使用这种类型的分样器，可以同时达到两个目的：使初次样品充分混合，其中的各种成分随机分布；机会均等地缩减样品数量。

为此，将混合样品通过分样器，使种子落入两个盛种罐，重复此操作，将全部样品再次通过分样器。如有必要可重复 3 次，一般此操作重复 2～3 次即可使初次样品充分混合。

经过充分混合的混合样品，再按上法操作继续平分，每次减半，直到取得略大于送检样品所需的数量。如果最后一次所得的一半不够此数，应当把另一半种子再通过圆锥形分样器，缩减到一定程度后补足，而不能任意用某一部位的种子凑数。

使用圆锥形分样器之前应注意：①摇晃分样器，检查其中有无过去使用时残留下来的种子或其他夹杂物。②检查两个盛种罐所承接的种子质量是否大体相等，一般要求二者重量之差小于两份种子平均重量的 5%。

五、作业

填写种子登记表、送检申请表和送检样品登记表（表 I-4 至表 I-6）。

表 Ⅰ-4　种子采收登记表　　　　　　　　　第　　号

树种名称			采收方式*	自采、收购
采种地点			采种时间	
采 种 量		kg	种批编号	
采种林地情况	林分类别*	一般林分（天然林、人工林） 优良林分（天然林、人工林） 母树林 种子园 散生木（天然散生木、行道树）		
	林（树）龄		坡　　向	
	海拔（m）		坡　　度	
	土壤情况（土类、质地、pH 值等）			
加工	方　　法			
	时　　间		出 种 率	
贮藏	方　　法		容器、件数	
	地　　点		时　　间	自　　　至

注：＊在应填写的相应小项目上画圈表示。

种子采收单位（盖章）

登记人：

年 月 日

表 Ⅰ-5　送检申请表　　　　　　　　　第　　号

1. 树种名称：_____

2. 采种地点：_____

3. 采种时间：_____

4. 送检样品重量：_____ g

5. 种批编号：_____

6. 本批种子重量：_____ kg

7. 种子采收登记表编号：_____

8. 要求检验项目：_____

9. 种子质量检验证寄送地点：_____

送检单位：（盖章）

填写人（签名）_____

抽样人（签名）_____

年 月 日

表 I-6　送检样品登记表　　　　　　　　第　号

1. 树种名称：	1. 净度　　　　　　　　　%
2. 收到日期：　　年　月　日	2. 千粒重　　　　　　　　g
3. 送检样品重量：　　　　　　g	3. 发芽率　　　　　　　　%
4. 本批种子重量：　　　　　kg	4. 发芽势　　　　　　　　%
5. 种子采收登记编号：	5. 生活力　　　　　　　　%
6. 送检证编号：	6. 优良度
7. 要求检验项目：	7. 含水量　　　　　　　　%
8. 种子质量检验证寄往 　　地　点： 　　单　位： 　　登记人： 　　　　　　　　年　月　日	8. 病虫害感染情况 　　测定人： 　　　　　　　　年　月　日

实验 3　种子净度测定

一、目的要求

种子净度是纯净种子重量占测定样品各成分总重量的百分数。种子净度可以反映种子中夹杂物和废种子的多少，会影响种子储藏的稳定性和播种苗出苗的均匀程度，同时还影响播种量的确定。因此，测定种子净度具有重要意义。本实验要求掌握测定种子净度的操作技术和计算方法。

二、材料与用具

1. 供实验用的种子，如刺槐、香椿等。

2. 台秤、天平（1/18 和 1/100）、样匙、镊子、放大镜、玻璃板、棕刷、木尺（直尺）、小簸箕、盛种容器、广口瓶 1 个、烧杯 2 个。

三、实验内容与操作方法

1. 用四分法提取所需样品

四分法的步骤如下：将送检样品倒在清洁的玻璃板上，两手各拿一块一边呈斜面的直尺沿不同方向将样品反复混拌后铺成正方形。正方形的厚度，大粒种子不超过 10cm，中粒种子不超过 5cm，小粒种子不超过 3cm。用直尺将正方形的种子沿对角线分成 4 个三角形，把其中任意两个相对的三角形暂时去掉（图 I-1），把剩下的两个三角形的种子混合起来，继续按上述程序混拌、摊平、平分，直到得到表 I-7 中要求的数量。

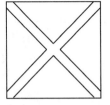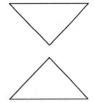

图 I-1 用四分法提取样品示意图

表 I-7 种子净度检验数量表   g

树 种	样品数量	树 种	样品数量
核桃、麻栎、板栗、核桃楸	>300 粒	湿地松、油松、白蜡、刺槐	100
银杏、油桐、油茶、山杏、山桃	>500 粒	马尾松、榆树	35
棕榈、皂角	800	杉 木	30
华山松	700	胡枝子、樟子松	25
槐树、池杉	300	水杉、枸杞	5
檫树、黄连木	200	椴 属	350
杜 仲	25	侧柏、火炬松	75
臭椿、铁刀木	80	黑松、毛竹、紫穗槐	50

2. 分类称重

将样品铺在玻璃板上，仔细观察，区分纯净种子、废种子和夹杂物，分别称重，精确度要求如表 I-8。净度只做一次，不需重复。

分类的方法有精确法和快速法两种。本实验用快速法，分类标准如下：

（1）纯净种子：完整的、没有伤害的、发育正常的种子；发育不完全的种子和不能识别出的空粒；虽已破口或发芽，但仍具发芽能力的种子；带翅的种子中，凡加工时种翅容易脱落的，其纯净种子是指除去种翅的种子，如松属、落叶松属、冷杉属的种子等；凡加工时种翅不易脱落的种子，则不必除去，如桦属、柏属、枫香属、槭属的种子等；壳斗科的壳斗也算夹杂物。

表 I-8 净度测定称重的精确度

测定样品质量（g）	称重至小数位
<10	3
10 ~ 99.99	2
100 ~ 999.9	1
>1000	0

（2）废种子：能明显识别的空粒、腐坏粒；已萌芽的显然丧失发芽能力的种子；严重损伤的种子和无种皮的裸粒种子。

（3）夹杂物：不属于被检验的其他植物种子；叶子、鳞片、苞片、果皮、种翅、种子碎片、土块和其他杂质；昆虫的卵块、成虫、幼虫和蛹。

3. 结果计算

把测定样品的各部分，分别按表 I-5 精确度要求称量后，填入检验用表。原测定样品减去净度测定后纯净种子、废种子和夹杂物总重量，其误差不超过表 I-9 规定时即可计算净度，否则重新做实验。

表 I-9　测定净度的容许误差

g

测定样品重	容许误差	测定样品重	容许误差
<5	0.02	101~150	0.50
5~10	0.05	151~200	1.00
11~50	0.10	>200	1.50
51~100	0.20		

$$净度(\%) = \frac{纯净种子重}{纯净种子重 + 废种子重 + 夹杂物} \times 100$$

净度测定结果应计算到 1 位小数。计算完成后，将纯净种子分别装入玻璃容器中，以备后用，并贴上简明标签。

四、作业

填写种子净度测定记录表（表 I-10）。

表 I-10　净度测定记录表

树种：　　　　　　　　　　　　　　　　　　　　　　　送检样品登记号：

测定样品重				g
测定结果	纯净种子	g		%
	废种子	g		%
	夹杂物	g		%
	合　计	g		%
	误　差			g
注：				

测定人：

年　月　日

五、思考题

1. 如何利用四分法从 50g 种子中抽取 10g 种子？
2. 净度测定有何意义？
3. 净度测定样品原重与纯净种子、废种子、夹杂物三者重量之和有无误差？为什么？

实验4　种子重量测定

一、目的

种子重量是种子品质的重要指标之一，与树种、立地条件、采种时间、贮藏条件等因子有密切关系。种子的重量一般用千粒重表示，即气干状态下 1000 粒纯净种子的重量，以 g 为单位。本实验要求掌握千粒重与绝对重量的测定技术与计算方法。

二、材料与用具

供试验用的纯净种子，天平（1/100）、角匙、木尺、棕刷、盛种容器。

三、实验内容与操作方法

1. 百粒法

由净度分析的纯净种子中取出 100 粒种子，重复称重若干次，并由此计算出每 1000 粒的重量。

（1）提取试验样品：将纯净种子铺在光滑洁净的桌面上，用四分法得到略大于所需要的种子数。

（2）点数和称量：从试样中随机点数种子，点数时将种子每 5 粒放成一堆，两个小堆合并成 10 粒为一堆，取 10 个这样的小堆合并成 100 粒，组成一组。同法数取并称量第二组、第三组……第八组，记下读数。各重复称量精度同净度测定时的精度。

（3）计算千粒重：根据 8 个组的称重读数按下列公式计算标准差及变异系数。

$$S = \sqrt{\frac{n\left(\sum x_i^2\right) - \left(\sum x_i\right)^2}{n(n-1)}}$$

式中　　S——标准差；

x_i——各重复重量（g）；

n——重复次数。

$$变异系数 = \frac{S}{\bar{x}} \times 100$$

式中　　$\bar{x}$——100 粒种子的平均重量。

种粒大小悬殊的种子，变异系数不超过 6.0，一般种子变异系数不超过 4.0，测定结果即可计算。如变异系数超过这些限度，则应再取 8 次重复操作。如仍超过，可计算 16 个重复的平均数，凡与平均数之差超过 2 倍标准差的各重复略去不计，最后计算 1000 粒种子的平均重量（即 $10 \times \bar{x}$），其精度要求与表 Ⅰ-8 相同。

2. 千粒法

对种粒大小，轻重极不均匀的种子，可采用千粒法。从纯净种子中用四分法分成 4 份，每份中随机取 250 粒，组成 1000 粒为一组，共取二组，称重后计算两组平均数。当两组种子重量之间的差异大于此平均数的 5% 时，应重做。如仍超过，则计算 4 组的平均数。

3. 全量法

凡纯净种子粒数少于 1000 粒者，将其全部称重，换算成千粒重。

4. 测定种子绝对重量

气干种子千粒重的数值常因含水量的变化而变化，处于不稳定状态，为了便于相互比较，可在测定了纯净种子含水量之后按下式将气干千粒重换算成千粒重的绝对重量。

$$A = \frac{(100 - C)a}{100}$$

式中　　A——1000 粒纯净种子的绝对重量（g）；

a——气干种子千粒重（g）；

C——纯净种子相对含水量的百分数。

四、作业

填写种子千粒重测定记录表（表I-11，表I-12）。

表I-11 千粒重测定记录表（百粒法）

树种：　　　　　　　　　　　　　　　　　　　　　　　送检样品登记号：

重复号	1	2	3	4	5	6	7	8	9	10	11	12	13	14	15	16	
x（g）																	
x^2																	
$\sum x^2$											第＿＿＿组，超过了容许限度，本次测定根据第＿＿＿＿＿						
$\sum x$																	
$(\sum x)^2$																	
标准差（S）																	
$\bar{x}$																	
变异系数																	
千粒重（$10 \times \bar{x}$）											组计算						

检验员：　　　　　　　　　　测定日期：　　　　　　　　　年　月　日

表I-12 千粒重测定记录表（千粒法、全量法）

送检样品登记号：

测定样品数（粒）					
重　复	1	2	3	4	
重量（g）					
平均重（g）					
容许误差（g）					
实际误差（g）					
千粒重（g）					
注：					

测定人：

年　月　日

实验5 发芽实验

一、目的

测定种子的发芽能力，是为了确定一个种批的等级价值和确定播种量。发芽实验就是把供试种子置于一般认为最适宜发芽的条件下，测定种子发芽能力的强弱。通过本实验，要求掌握室内发芽实验的一般原则和方法。

二、材料与用具

供试纯净种子、直尺、剪刀、小纱布、棉线、烧杯、培养皿、滤纸、小镊子、牛角匙、毛刷、小簸箕、标签、记录表、电炉、量筒、蒸煮锅、培养箱、高锰酸钾（$KMnO_4$）或福尔马林（HCHO）或过氧化氢（H_2O_2）、滴瓶、蒸馏水、解剖刀、解剖针。

三、实验内容与操作方法

发芽实验通常要经历一段较长的时间，必须按照规定仔细操作，认真观察记载，使所得的结果正确可靠，尽可能在随机变异的限度内具有重现性。

（一）安置发芽

1. 提取实验样品

将净度测定后的纯净种子倒在清洁的玻璃板上，充分混拌，用四分法将种子分为4份，从每个三角形中随机提取25粒（可以稍多1～2粒，以防丢失），组成100粒，共取4个100粒，即为4次重复，分别装入纱布袋中。种粒大的种子，如栎属、油茶、南酸枣等可以50粒或25粒为一次重复，样品数量有限或设备条件不足时，也可以采用3次重复，但应在实验中注明。特小粒种子用重量发芽法，以0.1～0.25g为一次重复。

2. 灭菌

为了预防霉菌感染，干扰实验结果，实验所使用的种子和各种物件，应事先经灭菌处理。

（1）实验用具的灭菌：培养皿、纱布、小镊子应仔细洗净，并用沸水煮5～10min，供发芽实验用的恒温箱或光照发芽器应事先用喷雾器喷洒福尔马林，密闭2～3d，然后使用。

（2）种子的灭菌：目前常用的灭菌剂有福尔马林、高锰酸钾、升汞（$HgCl_2$）、过氧化氢等。药剂种类不同，处理的方法和时间也不一样，下面介绍3种药剂的使用方法：

过氧化氢 将实验样品连同纱布袋放在小烧杯中，注入29%的过氧化氢溶液，以浸没种子为度，立即覆以玻片盖住小烧杯，种皮较厚的树种2h，一般的树种1h，种皮较薄的如云杉、落叶松0.5h。然后取出纱布袋，稍稍绞干置于玻璃皿中，随即置床。

福尔马林　将纱布袋连同其中的试样置于小烧杯中，注入 0.15% 的福尔马林溶液，以浸没种子为度，随即盖好烧杯，20min 取出绞干，置于有盖的玻璃皿中闷 0.5h，取出后连同纱布袋用清水冲洗数次，即可进行浸种处理。

高锰酸钾　浓度 0.3% 时消毒 2h，浓度 3% 时消毒 0.5h，用清水冲洗干净后浸种。

3. 测定样品预处理（浸种）

适用于福尔马林灭菌或过氧化氢灭菌的试样，无须浸种而直接置床。一般种子如杉木、马尾松、黑松、赤松、云南松、油松、水杉、侧柏、柳杉、泡桐、榆树、云杉、落叶松、黄连木、胡枝子等，用 45℃ 水浸种 24h，刺槐用 80℃ 水浸种，自然冷却 24h，皂角用 100℃ 水浸种 15s 后立即转入 70℃ 水，自然冷却 24h，杨、柳、榆等不必浸种。

4. 置床

置床就是将经过灭菌、浸种的种子安放到一定的发芽基质上，视树种不同，常用的发芽床有纸床、沙床、土床等。本实验在培养皿中使用滤纸作床。为便于水、气管理和方便观测，可采用玻璃板垂直发芽试验。

（1）洗净双手后，用 75% 酒精浸泡的脱脂棉球涂抹灭菌，待手晾干后，将一张滤纸平铺于培养皿中，再用一张滤纸折成四等份覆盖其上，整平后，缓缓加入无菌水至完全湿润。

（2）种粒的排放应有一定规律（图 I-2），便于计数，减少错误。

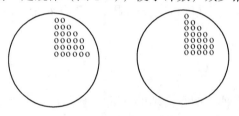

图 I-2　25 粒种子在发芽床 1/4 范围内的排放

（3）每一个培养皿中安放 100 粒（种子较大时可为 50 粒甚至 25 粒）种子，种粒之间距离相当于种粒本身的 1~4 倍，以减少霉菌蔓延感染，避免发芽的幼根相互纠缠。

（4）将样品登记表的号数、小样品的组号、姓名、日期用铅笔简要地填写小标签，分别贴在培养皿底盘的外圆上，以免错乱。

（5）将培养皿盖好后放入指定的培养箱。本次实验使用恒温，温度保持在 23~25℃，如果室温在 20~30℃，可以利用室温。有些树种最好使用变温，每昼夜保持低温 16h，高温 8h，温度变换应在 3h 内逐渐完成。

（二）管理和记录

1. 管理

（1）将感染了霉菌的种子取出（不要使它们触及健全的种粒），用清水冲洗数次，直到水无混浊再放回原发芽床，发霉严重时整个发芽床，甚至整个培养皿都要更换。这种情况应在发芽记录表中记录。避免种粒发霉，可能要从改进发芽实验的整个设备装置入手。在本实验室目前的条件下要求学员保持室内清洁，树立无菌操作的概念。

（2）检查发芽环境的温度，仪器的温度变幅在 24h 内不超过 ±1℃。

表 I-13 发芽试验记录

树种：　　　　产地：　　　　采种时间：　年　月　日　　送检样品登记号：

测定前种子处理：

发芽测定条件：　　　　　　　测床时间：　年　月　日　　置床时间：　年　月　日

重复号	记录摘要 \ 日期 置床天数												
1	发芽粒数												
	腐烂粒数												
	异状发芽粒数												
	未发芽粒数												
2	发芽粒数												
	腐烂粒数												
	异状发芽粒数												
	未发芽粒数												
3	发芽粒数												
	腐烂粒数												
	异状发芽粒数												
	未发芽粒数												
4	发芽粒数												
	腐烂粒数												
	异状发芽粒数												
	未发芽粒数												
备注													

（3）要保持发芽床湿润但种子周围又不出现水膜。水分不足时应及时加水，但水分也不能过多，用指头轻压发芽床（纸床），如指尖周围出现水膜，或者排放种粒的四周出现水膜，都表示水分过多。

（4）通气，种子发芽需要足够的氧气，并会释放出大量的二氧化碳，有盖的培养皿的缺点之一就是通气不良，应当经常揭开盖子创造通气条件。

2. 观察记录

（1）时间和次数：发芽试验的天数，自置床之日算起，每天观察记载一次，直到规定的结束日期（表Ⅰ-13）为止。

（2）记载发芽床的编号，依次记载以下各点（表Ⅰ-13）。

① 正常发芽粒——特大粒、大粒和中粒种子的幼根长度为该种粒长度的一半以上；小粒和特小粒种子的幼根长度大于该种粒的长度；竹类种子的幼根至少应同种粒等长，且幼芽的长度超过种粒长度的一半；苦楝、南酸枣、柚木等复粒种子，其中只要长出一个正常幼根即可视为正常发芽粒。

② 异状发芽粒——胚根短，生长迟滞并且非常瘦弱；胚根腐坏；胚根出自珠孔以外的部位；胚根呈负向地性；胚根卷曲；子叶先出；双胚联结等。

③ 腐烂粒——内含物腐烂的种粒。

④ 未发芽粒——每次剔除发芽粒、异状发芽粒和腐烂粒之后，应将余下的未发芽粒重新排放整齐并点数，以便及时检查，避免差错。

3. 切开法测量结果并记录

发芽试验结束后，分组用切开法，对尚未发芽的种粒进行充分鉴定，按新鲜未发芽粒、腐烂粒、空粒、涩粒（多见于杉木和柳杉）分类，并记入表Ⅰ-14。

表Ⅰ-14 发芽测定结果统计表

树种＿＿＿＿＿＿＿＿＿＿ 送检样品登记号＿＿＿＿＿＿＿＿＿＿ 测定开始日期＿＿＿＿＿＿＿＿＿＿

结束日期＿＿＿＿＿＿＿＿＿＿ 经历＿＿＿＿＿＿＿＿＿ 天

重复号	测定结果（粒）										统计结果				备注
	发芽势	发芽率	未发芽粒分类							合计	重复号	发芽率（%）	发芽势	平均发芽时间（d）	绝对发芽率（%）	
	第 天发芽粒	第 天发芽粒	新鲜粒	腐烂粒	硬粒	空粒	异状发芽粒	涩粒	其他	小计						
1											1					
2											2					
3											3					
4											4					
合计											平均					

（三）计算结果

1. 发芽率（实验室发芽率，技术发芽率）

（1）发芽率 $= \dfrac{m}{N} \times 100\%$

式中 m——发芽粒数；

　　　N——供试种子数。

若采用重量发芽法，测定结果用每克测定样品中的正常发芽表示，单位为粒/g。

（2）计算发芽率首先统计各次重复中正常发芽的百分率：先按表 Ⅰ-15 检查各次重复的差异是否为随机误差，如果各重复中最大值与最小值的差异没有超过表 Ⅰ-15 的容许范围，就用各重复的平均数作为该次测定的发芽率，平均数计算到整数。如果超过容许的误差范围，则试验结果无效，需进行第二次试验，然后计算两次试验的平均数，并在表 Ⅰ-16 中查出容许误差，如两次试验的误差不超过表 Ⅰ-16 的容许范围，以两次测定的平均数作为发芽率。

表 Ⅰ-15　发芽百分率的最大容许误差

平均发芽百分率（%）		最大容许误差
99	2	5
98	3	6
97	4	7
96	5	8
95	6	9
93 ~ 94	7 ~ 8	10
91 ~ 92	9 ~ 10	11
89 ~ 90	11 ~ 12	12
87 ~ 88	13 ~ 14	13
84 ~ 86	15 ~ 17	14
81 ~ 83	18 ~ 20	15
78 ~ 80	21 ~ 23	16
77	24	17
73 ~ 76	25 ~ 28	17
71 ~ 72	29 ~ 30	18
67 ~ 70	31 ~ 34	18
64 ~ 66	35 ~ 37	19
56 ~ 63	38 ~ 45	19
51 ~ 55	46 ~ 50	20

表 I-16 判断两次试验是否符合的容许误差

平均发芽百分率（%）		容许误差
98～99	2～3	2
95～97	4～6	3
91～94	7～10	4
85～90	11～16	5
77～84	17～24	6
60～76	25～41	7
51～59	42～50	8

2. 发芽势

在规定时间（表 I-17）内发芽的种子数占供试验种子数的百分比称为发芽势。发芽势也是分组计算，然后求 4 个重复之间的平均值，发芽势计算到整数，计算时所允许的误差为计算发芽率所容许误差的 1.5 倍。

$$发芽势 = \frac{规定天数内的发芽粒数}{供试种子数} \times 100\%$$

表 I-17 一些树种发芽实验的终止天数

树　种	发芽势终止天数	发芽率终止天数	树　种	发芽势终止天数	发芽率终止天数
柏　木	24	35	白　榆	4	7
侧　柏	9	20	皂　角	7	21
银　杏	7	21	湿地松	11	28
马尾松	10	20	火炬松	7	28
云南松	10	21	池　松	17	28
油　松	8	16	柳　杉	14	25
白皮松	14	35	槐　树	7	29
黑　松	10	21	黄连木	5	15
红皮云杉	9	14	刺　槐	5	10
兴安落叶松	8	13	胡枝子	7	15
水　杉	9	15	池　桐	14	21
杨　属	3	6	乌　桕	10	30
千年桐	14	21	白蜡树	5	15

3. 绝对发芽率

供试种子中饱满种子的发芽率称为绝对发芽率。在研究树种结实规律中，特别是在比较个别因子对发芽影响时，绝对发芽率有很大的意义。

$$绝对发芽率 = \frac{m}{N-a} \times 100\%$$

式中　m——供试种子的发芽粒数；

　　　N——供试种子数；

　　　a——供试种子中的空粒和涩粒种子数。

4. 平均发芽时间

平均发芽时间也称平均发芽速，是供试种子发芽的平均天数。平均发芽时间的计算如下：

$$平均发芽时间 = \frac{aa_1 + bb_1 + cc_1 + \cdots}{a_1 + b_1 + c_1 + \cdots}$$

式中　a，b，c…——发芽实验开始以后的天数；

　　　a_1，b_1，c_1…——发芽实验开始后相应各日的发芽粒数。

平均发芽时间计算到小数点后第二位，以下四舍五入。

四、作业

填写种子发芽试验记录表（表 I-13）、发芽测定结果统计表（表 I-14）。

五、思考题

1. 比较发芽率、发芽势及绝对发芽率之间的数值大小关系。

2. 若对国际中没作规定的种子进行发芽实验，何时计算发芽势、发芽率的结束时间较合适？

3. 种皮破裂甚至胚根突破种皮，能否据此判断种子发芽？

实验6　种子含水量测定

一、目的

种子含水量是指种子所含水分的重量占种子重量的百分率。种子水分影响种子的呼吸强度和呼吸性质，贮藏时种子的水分应保持在安全范围以内。

二、材料与用具

供试种子，天平（1/1000）、称量瓶、干燥器、牛角勺、小刷子、小簸箕、水分测定仪、烘箱等。

三、原理

按规定的方法，在控制条件下加热，使种子水分成为水汽排出，从而测定失去的水分。

四、测定方法

大多数树木种子可以用105℃恒重法或130℃高温快速法测定含水量。含水量高的种子，可用二次烘干法，也可用红外线水分速测仪、各种水分电测仪、甲苯蒸馏法等，但这些测定需要与105℃恒重法对照。

1. 105℃恒重法

种子在105℃的烘箱中，能使水分成为水汽排出，从而测定失去的水分。

（1）将供测水分的送检样品倒在洁净的桌面上，用四分法抽取试验样品两份。试验样品重量根据种子千粒重确定，见表I-18。

表 I-18　测定种子水分的试验样品重　　　　　　　　　　　　　　　　g

种子类别	树　　　种	试验样品重
大粒种子	山桃、山杏、核桃、栎类	20
中粒种子	刺槐、柏木、侧柏	10
小粒种子	杨、柳、桉、桑、桦	3～5

（2）将两份试验样品分别装入已知重量的编号称量瓶中，记下瓶号，连同带盖的称量瓶及其中的样品一起称量，记下读数。

（3）将称量瓶及样品一并放入105℃±2℃的烘箱中，敞盖烘4h，取出后盖上盖子放入干燥器中冷却20min，称重，记下读数；再敞盖放回烘箱中烘烤2h，按上法称重，记下读数，直至前后两次的重量之差小于0.01g时即认为已达到恒重，以最后一次的重量作为试验样品的干重，所有称重的精确度应达到1mg，并使用同一架天平。

（4）干燥器边缘应薄薄地涂抹一层凡士林，干燥器的底部应置有干燥的氯化钙或硅胶，移动称量瓶要小心，不要沾脏物、倾漏种子或错换瓶盖。

（5）根据测定结果，按下式分别计算两份试验样品的水分重量。

$$相对含水量 = \frac{b-c}{b-a} \times 100\% \qquad 绝对含水量 = \frac{b-c}{c-a} \times 100\%$$

式中　a——称量瓶及其盖子的重量（g）；

b——称量瓶和盖子及样品的原重（g）；

c——干燥后称量瓶和盖子及样品的重量（g）。

两组测定结果的差距不得超过0.5%，如差距超过此数，必须重新测定。

2. 130℃高温快速法

烘箱预热至140～145℃，将两份测定样品迅速放入箱内，在5min内使温度调到

130℃时开始计算，用130℃±2℃烘干60~90min，立即加盖取出，置于干燥器内冷却后称重，其他操作和计算方法同上。

3. 二次烘干法

此法适合含水量高的园林树木种子，一般种子含水量超过18%，油料种子含水量超过16%时，采用此法。将规定的整粒测定样品，在70℃烘箱内预烘2~5h，取出后置于干燥器内冷却，称重，测得烘干过程中失水的水分，计算第一次测定的含水量。然后将预烘过的种子磨碎或切碎，称取样品重量，用105℃或130℃法测定第二次含水量，由第一次及第二次所得结果，计算含水量。

$$含水量 = S_1 + S_2 - \frac{S_1 + S_2}{100}$$

式中 S_1——第一次测定的含水量；

S_2——第二次测定的含水量。

五、作业

填写种子含水量测定记录表（表I-19）。

表I-19 含水量测定记录表（烘干法）

树种：_____ 送检样品登记号：_____ 测定日期：_____年__月__日 测定方法：_____

重复号	称量瓶及盖的重量 a（g）	称量瓶盖及样品的重量 b（g）	样品重量（g）		干燥过程中各次的重量（g）					水分重 $b-c$（g）	样品绝干重 $c-a$（g）	相对含水量 $\frac{b-c}{b-a} \times 100$（%）	绝对含水量 $\frac{b-c}{c-a} \times 100$（%）
			纯净种子 $b-a$	含有夹杂物的种子	1	2	3	4	达到恒重时重量 c				
1													
2													
3													
4													

计算结果：第____组和第_____组，绝对含水量的差距为_____%，没有超过容许误差，本样品的相对含水量为_____%，本样品的绝对含水量为_____%。

检验员_____

实验7　种子生活力测定

一、目的

种子潜在的发芽能力称为种子生活力。据研究，可以用某些化学试剂使种子染色的方法来测定种子这种潜在的发芽能力，但是测定的结果毕竟不是真正的发芽表现，很难由此判断播种品质的一些重要指标，因此还不能完全取代发芽试验。不过，如果技术熟练，操作正确，所得的数据同发芽试验还是颇为接近。有时需要迅速判断种子的品质，特别是有些树种种子的休眠期很长，难于进行发芽试验，在这些情况下，用染色法鉴定种子的生活力就具有明显的优越性。

我国过去常用的染色剂主要有靛蓝胭脂红、碘化钾、硒酸氢钠等，现在国内外已全面推广使用四唑。不同试剂的适用范围，作用原理及其使用方法各有特点。本实验要求通过四唑、靛蓝和碘化钾这3种试剂掌握染色法的一般原则和操作程序。

二、实验内容与操作方法

1. 靛蓝染色法

靛蓝又名印度蓝或蓝靛，分子式为 $C_{16}H_8N_2O_2(SO_3)_2Na_2$。

靛蓝是一种染料，很容易透过种子细胞的死组织，使其染色，但不能透过活细胞的原生质，适用于种胚为白色或黄色的种子。

（1）取样：从纯净种子中，随机提取25或50粒，共取4组，即为4次重复。

（2）浸种：将4组小样浸入室温水中，浸种时间因树种而异，松属、雪松属、落叶松属和云杉属的种子在室温下浸18h，刺槐种子用80℃水自然冷却24h。

（3）取胚：这里以松、云杉、落叶松为例，分组取胚。松和云杉沿种子的棱切开种皮和胚乳，取出种胚，种胚取出后放在潮湿的吸水纸或纱布上，用盖子盖好，以免种胚萎缩干燥而丧失生活力。膨胀的落叶松种子用解剖刀从种子粗端切开其种皮和胚乳，取出种胚，取胚时随时记下空粒，腐烂粒，感染了病害、虫害的种粒以及其他显然没有生活力的种粒数，分组记入记录表中。

（4）染色：剥出的种胚分组放入0.05%的靛蓝溶液，试剂的用量应能够完全浸没种胚，如有种胚浮在表面，应将其压沉，在20～30℃时，染色时间一般为2～3h。

（5）观察记载：到达染色所规定的时间之后，将溶液倒出，用清水冲洗胚，立即将种胚放在垫有潮湿白纸的玻璃皿中观察。根据染色的程度和染色的情况，可以把胚分为有生活力的和没有生活力的两类。填入种子生活力测定记录表（表I-20）。

取胚时受到机械损伤的部分也会染上颜色，但不要把它算成无生活力的种胚（表I-21）。

表 I-20 生活力测定记录表

树种：_____ 送检样品登记号：_____ 测定日期：____年__月__日

染色前处理种子的方法（水温、浸种时间、换水次数、置床发芽的时间和温度等）_____

_____

染色方法（试剂名称、溶液浓度、染色时间、温度等）_____

重复号	供试种子数（粒）	剖切时发现的废种子数（粒）								进行染色粒数	染色结果（粒）		生活力（%）
		空粒	硬粒	腐烂粒	机械损伤粒	病虫粒	涩粒	其他	小计		有生活力的	无生活力的	
1													
2													
3													
4													

平均生活力为_____%，重复的误差 未超过/超过了 容许范围，本次测定 有/无 效。

测定人_____

表 I-21 以松属的种胚为例，说明有生活力的种胚

有生活力的	无生活力的
1. 完全没有染色	1. 子叶着色
2. 胚根尖端着色部分小于种胚全长 1/3（即分生组织未被着色）	2. 包括分生组织在内的种胚全长的 1/3 或超过 1/3 的部分着色
	3. 从胚根算，种胚全长 1/3 或超过 1/3 部分着色
	4. 种胚全被染色

2. 四唑染色法

氯化（或溴化）三苯基四唑简称四唑（2,3,5-triphenyl tetrazolium chloride），为白色粉末，分子式为 $C_{19}N_{15}N_4Cl$（Br）。使用时，用中性蒸馏水（pH 值 6.5 ~ 7）溶解，浓度一般为 0.5%。

种胚浸入无色的四唑溶液中，由于种胚活细胞组织中的脱氢酶产生氢，使浸入种胚的四唑经氢的作用，在活细胞中产生红色稳定而不扩散的三苯基甲䏝，凡种胚染成红色者表示有活力，未染成红色者表示无生活力，不染色的部位表示坏死，根据胚、胚乳未染色的位置和比例大小判断其种子有无生活力。

（1）选取试验样品：与靛蓝染色法相同。

（2）染色前种子处理：一般种子浸种 18 ~ 36h，不同的树种，处理的方法不完全相同。例如，毛竹种子剥去外颖浸种 24h 后用利刀沿膜沟纵剖，取胚部完整的一半作为染色材料，剖切的种胚分组暂时置于潮湿的吸水纸或纱布上；松类种子用利刀切去胚根尖端（圆滑一头）3mm 左右，浸入清水中 18 ~ 24h，然后除去种壳，剖开胚乳。

（3）染色：将经预先处理的种粒置于小烧杯或指形管内，加入试剂，必须使所有种子都沉入试剂，置于 25 ~ 30℃ 的黑暗环境中 24h（单独对胚染色，则只要 2 ~ 3h），一定的温度与黑暗环境是四唑染色不可缺少的条件。

（4）观察记录：将经染色的种子取出，漂洗数次，置于白色湿润的培养皿内，逐粒观察胚和胚乳各主要构造染色情况，根据染色情况分别归类。观察时可借助手持放大镜或实体显微镜。例如，毛竹种子较小，需用 5 ~ 10 倍放大镜观察，凡胚全部着色或至少包括胚芽、胚根在内的大部分着色，均为有生活力的种子；仅在胚芽或胚根部位着色，或胚全部不着色即显然没有生活力（表 I-22）。

表 I-22　采用四唑染色法，有生活力和无生活力的种胚示意

有生活力的	无生活力的
1. 种胚全部着色	1. 仅盾片、胚芽鞘、胚根鞘着色，但其他部分不着色
2. 至少包括胚芽、胚根在内的种胚的大部分着色	2. 仅盾片，胚芽鞘着色
	3. 仅在胚根部位着色

（续）

松类树种种胚的着色情况	
有生活力的	无生活力的
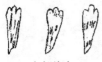	
全部染色	胚乳及胚均少许未染色

毛竹种子的纵切面用四唑染色时，有生活力和无生活力的表现可参见图 Ⅰ-3。颜色的深浅同染色的时间和试剂的浓度有关，判断有无生活力的主要依据是着色部位与着色面积，而不考虑颜色的深浅。

将染色结果记入表 Ⅰ-20，百分率计算的允许误差与计算发芽试验百分率时相同。

3. 碘—碘化钾染色法

一些针叶树种的种子在发芽过程中胚内形成并积累了淀粉，根据淀粉遇碘起有色反应的特点，可以其染色的状况来判断种子有无生活力。

（1）溶液的配置：在 100mL 的开水或温水中，先加入 1.3g 碘化钾（帮助结晶碘的溶液），溶解后加入 0.3g 结晶碘继续加热至碘溶解为止，冷却。

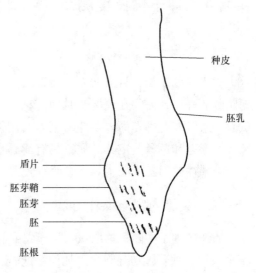

图 Ⅰ-3 毛竹种子纵切面示意

（2）浸种：纯净种子浸种 24～48h，同时还要发芽 2～3d，使种子内含物质转化出淀粉。

（3）取胚：同四唑染色法。

（4）染色：将种胚浸入溶液中 20～30min，之后操作同四唑染色法。

（5）观察记载：种胚全部染成黑色、暗褐色或灰褐色，种胚分生组织和根冠部分染成黑色或灰褐色表示种子有生活力；种胚全部成黄色或未染色，或者只有子叶或胚根末端染成黑色或灰色表示种子无生活力（图 Ⅰ-4）。

（6）结果计算：生活力根据 4 个重复计算，重复间最大容许误差与发芽试验的相同，最后以 4 组生活力的平均值代表该种批的生活力。

有生活力　　　无生活力

图 Ⅰ-4 用碘—碘化钾染色的松属种胚

三、作业

填写种子生活力测定记录表（表I-20）。

四、思考题

简述不同染色剂的染色原理。

实验8 种子优良度测定（切开法）

一、目的

对于休眠期长，目前又无适当方法测定其生活力的园林树木种子，以及在生产上长期储藏的种子，需要在现场及时确定种子品质时，可用切开法鉴定种子的优良度。发芽试验结束时如有种粒尚未发芽，也需要用切开法作补充鉴定。此法是根据种子内部胚和胚乳的形态和色泽鉴定其品质，具有简易快速等特点，在生产上有一定实用价值。但其鉴定结果往往因各人的主观因素而有较大的出入，鉴定标准也不容易统一。

二、实验内容与操作方法

从纯净种子中随机抽取400粒分成4组，根据种子的吸水速度浸种2~4d（栎类可不浸种）后，顺着胚切开观察。凡种粒饱满、种胚健康、种子内含物的状况和色泽正常的种子都是优良种子；凡是腐烂、受病虫害、空粒和无胚的种子，都是品质低劣的种子。果实是由二室或多室子房形成的（如楝树），若其中有一个健康的胚，也算优良种子。松、桉等中小粒种子，可用挤压法检查其品质。对难以识别其好坏的种子，切开观察后进行染色，作为对照观察，从中取得经验。

优良种子数对供试种子数的百分比称为种子优良度。优良度先按组计算，以4组的算术平均值作为该批种子的优良度，用化整的百分数表示，误差标准与发芽试验允许误差相同，其检定结果填写在优良度测定记录表。具体比较标准见表I-23。

表I-23 切开法测定种子优良度比较表

树 种	优良种子	低劣种子
银 杏	种子黄白色，有光泽。胚乳饱满，有光泽，有弹性，表面乳黄色，纵切面黄绿色，有汁液；胚肥大，乳黄色	胚乳干瘦、表面淡黄，切开后呈石灰状白色；胚干缩，深黄色或僵硬发霉；无胚
南方红豆杉	种粒饱满。胚和胚乳白色	胚和胚乳灰白色
楠 树	胚乳饱满，淡黄色，有香味	胚乳黄色，干缩，无香味
罗汉松、竹柏	胚乳白色；胚黄绿色或淡黄绿色	胚乳柔软白色；胚萎干缩，呈褐色或深黄色
三尖杉	胚乳饱满或较干，白色或淡黄色	胚乳干缩较硬，黄白色或深黄色

（续）

树　种	优　良　种　子	低　劣　种　子
落叶松	种子腹面褐色，背面浅褐色，有光泽；种仁乳白色，饱满有弹性	种仁变软，色暗
马尾松	外观灰褐、灰棕、黄白色，有黑斑。温水浸种20～24h后，胚黄或红色，胚乳白色	采收较早的带白色，斑纹不明显，无斑纹的是空粒。温水浸种20～24h后，胚白色，胚乳萎缩
樟子松、油松、黑松、赤松	外观黑褐或灰褐色，赤松赤褐色。胚、胚乳白色，有松脂香味，有弹性	色暗；采收较早的黄白色，种仁变软，呈灰白色或暗色
柳　杉	饱满。胚呈暗白色，有油脂	胚干萎，褐黄色、黑褐色
杉　木	赤褐色，有光泽，有湿润感，饱满，新鲜，富松脂香味。切口有汁液，挤压种仁有油质，胚完好；胚根稍带粉红色，胚尖淡红色，胚乳白色，淡白色或淡黄色，有油光	采收较早的色淡，陈种暗晦无光，显干燥，水浸的带白色，烘烤的无光泽。种仁不饱满、干枯、软、缺乏松脂香味，切口粗糙，无汁液。无胚，或胚和胚乳干缩，胚褐黄色；胚乳白色、褐黄色、黑色。种子内充满黄黑色干燥树脂物质和涩粒
柏　木	种仁黄白色，先端黄褐色，中部淡褐色，茎部棕色	种仁萎缩。胚乳黄或黄色
圆　柏	胚饱满，较软；胚乳白色	胚萎缩，干瘪，黄褐色，较硬或过嫩未成熟
核桃、核桃楸	种壳褐黄色，核桃楸暗褐色。内种皮淡黄色，有光泽，子叶淡黄白色，有油香味，饱满，有弹性。浸种1～2d，沿胚轴中央切开，种仁新鲜、健全、饱满，胚黄色或乳白色	苍白色的空粒，暗褐色的是油闷种，有灰斑、绿霉、黑斑或色过淡的均已变质。内种皮暗褐黄色或蓝黑色。子叶深褐色，有油哈喇味、苦味。浸种后沿胚轴切开，种仁萎缩或局部酸败变质
山核桃、美国山核桃	子叶饱满，乳白色，有油香味	子叶灰白色、淡黄色或白色，干缩，有涩味、油哈喇味
枫　杨	种子深黄色；种仁乳白色，饱满	采收较早的种子黄中带白，地上扫集的变质种子黄中带黑。种仁色暗
桦、赤杨	种粒饱满，子叶白色	子叶浅黄色或腐烂
水青冈	子叶、胚根饱满，白色，有光泽	子叶皱缩，淡黄色
板　栗	种壳栗褐色至浓褐色，饱满，坚硬，表面光洁。子叶饱满，浅黄色，有光，较硬，弹性，有清香味。子叶内外均无异状，胚芽健全，无黑点，味淡。子叶上虽有暗棕色条纹，但面积不超过1/4	采收较早的种子色淡，无光泽，茸毛多，不饱满或皱缩，壳稍软。开始霉烂的种子黑褐色或水红色，不新鲜，果顶较软，粘有砂土。子叶皱缩、软、无弹性，色淡，与内种皮分离，味甜。子叶有暗棕色条纹，面积超过1/4。僵腐的种子黑色，种壳硬，有小瘤状浮起，子叶带黑色或有白色硬块，以至僵硬呈石灰质。子叶有黑斑、白霉，胚芽有黑点；已腐败的种子，有酒味或霉味，种壳开裂，有虫孔

（续）

树 种	优 良 种 子	低 劣 种 子
麻栎	种子暗褐色，有光泽。种粒饱满，摇动时无响声。子叶硬而有弹性，浅黄白色或带红色。胚芽、胚根正常，子叶有暗棕色条纹，以及淡蓝色或没有菌丝体的斑点，其所占面积不超过子叶的 1/4。未发芽或虽发芽，但芽短而未干，能继续生长，无虫害	摇之有声。子叶较软，干缩，无弹性，条纹和斑点靠近胚轴，且其大小超过子叶 1/4。已发芽，芽长而干缩，不能继续生长。受热产生酒味或子叶变褐色。有虫害
桑	种仁乳白色，饱满	种仁变暗色
小 檗	胚稍黄绿色；胚乳乳白色，饱满而硬，切面光滑	胚、胚乳变黑或部分变黑，或无胚
鹅掌楸	淡灰黄色，种子易分开	采收较早的两个或数个种子粘在一起。败育的种子内为油脂
玉兰、厚朴	种仁饱满，与壳同大，有油质，种仁尖端呈黄色。胚白色；胚乳黄色，油分多	采收较早的种仁萎缩、软、离壳。过干的种子切时壳易碎。胚和胚乳棕黑色或黑色，油分少
天女木兰	种子棕色或棕黄色，饱满。胚乳表面黄色，切开清白色，油分多	种子深棕色或深棕黑色，干瘦，胚乳表面灰黄色，切开后浅灰色，油分少
米老排	种仁白色，有带苦的油香味	种仁蓝灰色，发霉
香樟、檫木	胚淡白色，油分多，有樟油香	胚和胚乳呈黄色，萎缩，油分少，胚尖有小黑点
紫楠	黑褐色或灰黄色，有灰、黑条纹斑点，有光泽，子叶淡黄色，饱满，较硬，有弹性	种子浅灰黑色，有黑斑或色深浅不同，无光泽。子叶褐黄色，干缩，较软，无弹性
杜 仲	种子淡栗褐色，饱满，油分多，有光泽。胚乳完整，有弹性；胚白色	种子黑褐色，干瘦，油分少。胚和胚乳黏硬；胚乳萎缩，柔软或半仁；胚灰白色或浅黄色
山楂	子叶乳白色，饱满，胚根白色	胚暗褐色
石楠	胚白色	胚石灰色
桃	子叶乳白色，较硬，饱满而有弹性	子叶黄白色或暗黄色，较软，无弹性
杏	子叶乳白色，饱满，坚硬，胚根比子叶色白	胚根白色，子叶变暗色。胚根、子叶均暗色
枸杞	种粒饱满，胚和胚乳均为白色	胚乳淡黄褐色
合 欢	种子褐色，饱满，有光泽。子叶黄色不透明，内侧平滑，无斑点，胚根正常	种子褐色或灰黄色、无光。子叶褐黑色、灰、黑、灰绿色、黑褐色、透明，有时有白点，干种子子叶内侧有团块状青霉菌，浸水种子子叶内侧有霉菌侵袭斑痕

（续）

树　种	优良种子	低劣种子
儿　茶	种子暗绿色，扁平，饱满，稍有光泽。子叶淡黄色，光滑，较硬，有弹性，或有少量白色凹陷部分，但远离胚根	种子有黑色斑点，发皱。子叶黄白色，软或有黑色斑点，近胚根处子叶有白色凹陷
黄　檀	黄褐色，饱满，有光泽。子叶淡黄色	有深褐色斑。子叶上有灰色或深灰色斑块，面积占 1/4 以上，子叶内侧大部分色暗
凤凰木	胚淡黄；胚乳灰白，坚硬，饱满	胚黄褐色；胚乳黑褐色
皂　角	种子黄褐色。胚根、子叶浅黄色，饱满，子叶多开展	种子深褐色者多为硬实。胚根、子叶深黄色，子叶多闭合，子叶、胚根透明或有蜡状块斑
刺　槐	种子黑褐色或蓖麻子色，饱满，有光泽。子叶及胚根均为淡黄色	种子褐色，无光，虫粒表面凹凸不平，颜色紫红。子叶及胚根萎缩，呈褐色或深黄色，子叶内侧有白色菌丝体或蜡状透明块斑
羊蹄甲	内种皮透明，子叶黄色，较肥大，有皱纹	子叶棕褐色，易折断
胡枝子	荚果褐色、饱满，种仁淡黄白色，饱满	种仁色暗
紫　檀	种子灰黄色，有光泽。子叶米黄色，饱满	种子红褐色或带褐色斑点。胚根处黑色
槐　树	饱满。子叶浅绿色，胚根黄色	种粒干瘦，子叶及胚根黄色或浅褐色。硬实种子深褐色
紫穗槐	荚果赤褐色，种子灰绿色，饱满	种子发黑，捻之易碎。胚和胚乳黄褐色、胚白色或色暗
相思豆	种子黑色，饱满，有光泽。子叶淡黄色，有弹性	种子色淡，无光泽。采收较早的青色，皱缩，种皮脆而易碎。子叶软而发白
臭　椿	翅果褐色，饱满	翅果深褐色，干瘪
麻　楝	胚、胚乳白色，味正常，无病虫害	胚、胚乳深黄色，透明或无胚
楝树、川楝	种粒饱满。胚根淡黄色，子叶白色，有光泽	种粒干缩。子叶及胚根褐色或黄色，无光泽
香　椿	种仁淡黄白色，饱满	种仁暗绿色
油　桐	内种皮纸质，粉白色，种仁饱满，有弹性。胚乳空心光滑，黄白色，切面乳白或黄白色；子叶白色，充满胚腔	无胚或种胚瘦瘪。胚和胚乳干缩，胚黄褐色，胚乳土黄色。失水过多的壳易碎

（续）

树　种	优良种子	低劣种子
重阳木	种子棕色或棕褐色，饱满。胚、胚乳均白色	种子黑色，干瘦，空粒红色。胚灰白色，胚乳黄白色
乌　桕	胚乳、胚根、子叶均白色，新鲜，有弹性	胚乳白色，胚根或子叶一端呈暗褐色。胚乳、胚根、子叶均为黄色或深黄色，胚及胚乳干缩，不新鲜
漆　树	种仁饱满，黄白色	种仁全部或部分黑色、黄色，粉末状
冬　青	种子深褐色，饱满。胚乳乳白色，饱满，完整新鲜	种子灰褐色，半饱。胚乳干缩瘦小
小果冬青	种子淡黄褐色，饱满，在纸上压之有油点	种子褐色，干瘪。在纸上压之无油点
卫　矛	胚完整，新鲜，浅黄或黄绿色；胚乳白色	胚干缩呈胶状，有时看不清形状
南蛇藤	胚浅白绿色，硬；胚乳粉白色	胚变黄绿色或深绿色
青榨槭	种仁带青色	采收较早的种仁白色
槭	种翅黄中带红	采收较早的种翅白色，无光，过迟采的褐黄色，发芽率低。处理不及时的种翅有黑点
黄连木	子叶淡黄色或淡黄绿色，胚根白色	种仁皱缩
七叶树	胚浅黄色，湿润膨大，有油脂	胚萎缩与种皮分离，摇动时，有响声。胚黄褐色、灰褐色、黑色，有白霉，硬，有辣臭味
栾　树	子叶淡黄色，少数带有淡绿色，饱满，有弹性	子叶黄色，干缩，无弹性
文冠果	种粒大，饱满，有光泽。胚白色，较软	种子不饱满，无光泽。胚干缩，白色或黄色
元宝枫、茶条槭	果橙棕色，饱满。子叶黄色或浅黄绿色，胚根较白	果深棕色或黑色，干缩。子叶灰黄色或灰绿色相间，有时子叶有虫孔道
椴　树	种粒饱满。干种解剖时胚黄色，胚乳黄白色；浸种后解剖，胚淡黄色，胚乳白色，子叶舒展	干种解剖时胚乳和胚萎缩，脱离；浸种后胚和胚乳均为黄褐色，或胚乳白色变软，或蜡黄色发硬，子叶不舒展
紫　椴	种子深褐色，饱满。种仁淡黄白色，饱满，有弹性	种仁色变暗
木　荷	胚和胚乳白色	胚和胚乳褐黄色或黑色

（续）

树　种	优良种子	低劣种子
梧桐	种粒饱满，略有香味，胚乳新鲜，白色，无味或有香味，胚黄色	胚乳干压，浅黄色，食时有酸苦味
油茶	内种皮紧贴子叶，子叶肥厚，乳黄色，饱满充实，有弹性，子叶切面略有汁液	过度失水的子叶干缩，蜡黄色。胚芽极小，位于两个子叶柄之间。病菌侵蚀紧靠胚芽的子叶部，采早的种仁皱缩而软，略带黄色
茶	子叶黄白色，饱满	子叶干缩，黄色或灰绿色，有时腐烂呈粉末状
厚皮香	胚白色	胚黑色，色暗，无光
喜树	胚乳白色；胚淡绿色	胚和胚乳黄黑色，浸水易烂
灯台树	胚淡黄色，饱满	胚黑色或暗褐色
车梁木	种粒饱满，胚和胚乳均白色	胚黄色；胚乳黄或黄白色
蓝果树	胚乳完整，新鲜，白色；胚白色	胚乳干缩、黄色或棕色；胚黄色，胚根褐色，子叶不完整或腐烂
毛梾	胚、胚乳均白色	胚黄色；胚乳黄色或黄白色
女贞	粒饱。胚、胚乳白色	粒干瘪。胚乳萎缩；胚灰白色有斑痕
梓树	种子灰色或灰棕色，饱满，子叶白色	种子深棕或棕黑色，干瘦。子叶浅黄白色、黄褐色，或子叶腐烂成糊状
紫丁香	种子棕色，饱满，有光泽，胚、胚乳白色	种子深棕色，干瘦，无光。胚、胚乳深黄色
棕榈	果皮蓝黑色，种子黑褐色，饱满，种子重。胚乳透明白色；胚黄白色	采收较早的果皮白色，无光，干瘦，种子轻。胚、胚乳深黄色

三、作业

填写种子优良度测定记录表（表Ⅰ-24）。

表 I-24　优良度测定记录表

树种：_____ 送检样品登记号：_____ 测定日期：_____ 年_____ 月_____ 日
测定前处理种子的方法：_____

重复号	供试种子数（粒）	观察结果（粒）									优良度（％）	备注
		优良粒	机械损伤粒	病虫粒	腐烂粒	硬粒	空粒	发育不全	涩粒	其他		
1												
2												
3												
4												
⋮												

平均优良度为_____％，重复间的差距 未超过／超过了 容许误差范围，本次测定 有／无 效。

测定人：_____

实验9　种子健康状况测定

一、目的

测定种子样品的健康状况，即对种子所携带病虫害种类及数量进行检测，为评估种子质量提供依据，从而提出种子的处理意见。

通过实验，要求学生了解与掌握种子健康状况测定的原理与方法。

二、材料与用具

供实验用的种子，显微镜、培养箱、近紫外灯、冷冻冰箱、高压消毒锅、玻璃培养皿、高锰酸钾试剂等。

三、原理

种子健康状况主要是指是否携带病原菌，如真菌、细菌、病毒以及害虫。首先将种子保持在有利于病原体发育或病症发展的环境条件下进行培养，然后检查测定样品中是否存在送检人指明的病原体和害虫，按所用方法允许的程度尽可能准确地估测样品中受感染的种子数。

种批如经过处理，可能会影响测定。凡经过处理的，要求送检人说明处理方式和所用化学药品。

四、实验内容与操作方法

（一）未经培养的检验（不能说明病原菌的生活力）

1. 直观法

将测定样品放在白纸、白瓷盘或玻璃板上，挑出菌核、霉粒、虫瘿、活虫及病虫伤害的种子，分别计算病虫害感染度。如挑出的菌核、虫瘿、活虫数量多，应分别统计。必要时，可应用双目显微镜对试样进行检查。

2. 吸胀法

为使子实体、病症或害虫更容易观察到或促进孢子释放，把试验样品浸入水中或其他液体中，种子吸胀后检查其表面或内部，最好用双目显微镜。

3. 洗涤物法

用于检查附着在种子表面的病菌孢子或颖壳上的病原线虫。

4. 剖开法

用刀剖开或切开种子的被害或可疑部分检查。

5. 染色法

用高锰酸钾、碘或碘化钾等化学药品染色检查。

6. 比重法

利用饱和食盐水或其他药液的浮力检查。适用于豆科等比重较大的种子，如刺槐浮在上面的种粒多为受虫害的，结合剖开法即可确定虫害粒数。

7. 软 X 射线法

软 X 射线是一种波长介于 $0.60 \sim 0.90 \text{Å}^{*}$ 之间、穿透能力较弱的 X 射线，进行荧光观察或透视摄影。可检疫藏匿于种子之内的园林植物种子害虫和种子受害情况，比解剖法省时省力。

（二）培养后的检验

试验样品经过一定时间培养后，检查种子内外部和幼苗上是否存在病原菌或其症状。包括吸水纸法、砂床法、琼脂皿法，以及噬菌体法和血清学酶联免疫吸附试验法等。

1. 吸水纸法

吸水纸法适用于许多类型种子的种传真菌病害的检验，尤其是对于许多半知菌，有利于分生孢子的形成和致病真菌在幼苗上的症状的发展。取试样 400 粒种子，将培养皿内的吸水纸用水湿润，种子置于吸水纸上，在 20℃ ±2℃ 下用 12 h 黑暗和 12 h 近紫外光照（360 nm）的交替周期培养，在 12 ~ 50 倍立体显微镜下观察，观察时用冷光检查。

2. 沙床法

适宜于某些病原体的检验。用沙时应去掉沙中杂质并通过 1mm 孔径的筛子，将沙清

----

* $1\text{Å} = 10^{-10} \text{m}$。

洗干净，高温烘干消毒后，放入培养皿内加水湿润，种子排列在沙床内，培养温度与纸床相同，待幼苗顶到培养皿盖时进行检查。

3. 琼脂皿法

主要用于发育较慢的致病真菌潜伏在种子内部的病原菌，也可用于检验种子表面的病原菌。取样400粒种子，经消毒后无菌水清洗，置于盛有琼脂培养基的培养皿中，在20℃黑暗条件下培养进行检查。

五、结果计算

$$病害感染度 = \frac{霉粒数 + 病害粒数}{测定样品粒数} \times 100\%$$

$$虫害感染度 = \frac{虫害粒数}{测定样品粒数} \times 100\%$$

送检样品病、虫害感染度是以上两者之和。

六、作业

填写种子健康状况测定记录表（表Ⅰ-25）和种子质量检验证（表Ⅰ-26），并提出处理意见。

七、思考题

简述种子健康状况测定的原理与方法。

表Ⅰ-25　种子健康状况测定记录表

树种：_____ 送检样品登记号：_____ 测定日期：_____年_____月_____日

测试地点：_____，环境条件：温度：____℃、湿度：_____%

测定方法：_____

重复号	测定种子粒数	观察结果				病害感染度（%）	虫害感染度（%）	病虫害感染度（%）	备注
		健康粒	虫粒	病粒					
1									
2									
3									
4									
⋮									

测定人：_____

表 I-26　种子质量检验证

编号：

一、本证发给：＿＿＿＿＿＿＿＿＿＿＿＿＿＿＿树种：＿＿＿＿＿＿＿＿＿＿＿＿＿＿＿＿

　　该种批编号：＿＿＿＿＿＿＿＿＿＿＿＿＿种批重：＿＿＿＿＿＿＿＿＿＿＿＿＿＿kg

二、送检申请表编号：＿＿＿＿＿＿＿＿＿＿＿填写日期：＿＿＿＿年＿＿＿＿月＿＿＿＿日

三、送检样品重：＿＿＿＿＿＿＿＿＿＿＿g，收到日期：＿＿＿＿年＿＿＿＿月＿＿＿＿日

四、检验结果：

1. 净度：＿＿＿＿＿＿＿＿＿＿＿ %

2. 千粒重：＿＿＿＿＿＿＿＿＿ g

3. 在＿＿＿＿＿＿＿＿＿天中发芽势＿＿＿＿＿＿＿＿％（或粒/g）

4. 在＿＿＿＿＿＿＿＿＿天中发芽率＿＿＿＿＿＿＿＿％（或粒/g）

5. 用＿＿＿＿＿＿＿＿方法测定的优良度为：＿＿＿＿＿＿＿＿％（或粒/g）

6. 用＿＿＿＿＿＿＿＿方法测定的生活力为：＿＿＿＿＿＿＿％（或粒/g）

7. 含水量：＿＿＿＿＿＿＿＿＿＿％

8. 病虫害感染程度：

　　病害感染度：＿＿＿＿＿＿＿＿＿％

　　虫害感染度：＿＿＿＿＿＿＿＿＿％

五、种子质量等级：＿＿＿＿＿＿＿＿＿＿级（等）

六、检验证有效期：＿＿＿＿＿＿＿＿＿＿＿

检验人：（签字）　　　　　　检验单位：（公章）

年　月　日

II 苗木培育

实习1 种实的采集、调制、贮藏

一、目的

通过实习了解园林树木种子的成熟过程，掌握适宜的采种时期、正确的调制及贮藏方法和条件，以获得优良的种子。

二、材料与用具

（1）材料：校园内有关的园林树木种实，如广玉兰、香樟、泡桐、喜树、油茶、金钱松、侧柏、悬铃木、香椿、杜仲、板栗、栾树、球花石楠、含笑等。

（2）用具：高枝剪、采种钩、枝剪、梯子、桶、布袋、冰箱、花盆、沙等。

三、实习内容与操作方法

（一）采种

根据各树种种子成熟的形态特征、种子的脱落方式，适时采种（附表1）。采种方法一般为：

（1）地面采收：种子成熟后立即脱落的大粒种子，如板栗、核桃、油茶、七叶树、油桐等，可在脱落后立即从地面上收集。

（2）母树上采收：这是最常用的方法，用于种粒小或脱落后易被风吹散的种子，如杨、柳、榆、马尾松、落叶松、金钱松、香椿等。有些采种比较困难的，可借助采种工具协助上树采种。在国外多用各种采种机采种。

另外，生长在水边的树种的如榆、枫杨等，也可采取水面收集。

（二）调制

种实调制的工序包括干燥、脱粒、去翅、净种、分级、再干燥。调制的具体方法因种实类型不同而异，种实处理的方法必须恰当，方可保证种实的品质。

1. 球果类的调制

球果类的调制工序基本上包括上述的各道工序，因针叶树种子多包含在球果中，从球果中取种子的工作主要是球果干燥的过程。池杉、油松、柳杉、侧柏、落叶松、金钱松等球果采后暴晒3~10d，鳞片即开裂，大部分种子可自然脱粒，其余未脱落的可用木棍敲击球果，种子即可脱出。

马尾松球果含松脂较多，不易开裂，可先用2%草木灰水加开水混合，恒温95~100℃烫煮球果2min，然后用盖稻草堆积的方法使其脱脂，每天翻动并淋温水1次，1周左右可全脱脂，至阳光下暴晒，球果开裂，种子脱出。

2. 肉果类的调制

肉果类包括核果、梨果、柑果、浆果、聚合果等，因其果或花托为肉质，含有较多的果胶及糖类，容易腐烂，采集后必须及时处理。一般浸水数日，有的可直接揉搓，再脱粒、净种、阴干，晾干后贮藏。

少数松柏类具胶质种子，因假种皮富含胶质，用水冲洗难于奏效，如三尖杉、榧树、紫杉等，可用湿沙或苔藓加细石与种实一同堆起，然后揉搓，除去假种皮，再干藏。

一般能供食品加工的肉质果类，如苹果、梨、桃、樱桃、李、梅、柑橘等可从45℃以下冷处理的果品加工厂中取得种子。

从肉质果中取得的种子，含水量一般较高，应立即放入通风良好的室内或荫棚下晾4~5d，在晾干的过程中，要注意经常翻动，不可在阳光下暴晒或雨淋。当种子含水量达到一定要求时，即可播种、贮藏或运输。至于柑橘、枇杷、杧果等种子不能阳干，且无休眠期，故以洗净晾干1~2d后进行播种为好。

3. 干果类的调制

开裂或不开裂的干果均需清除果皮、果翅，取出种子并清除各种碎枝残叶等杂物。干果类含水量低的可用阳干法，即在阳光下直接晒干；而含水量高的种类一般不宜在阳光下晒干，而要用阴干法。另外，有的干果晒干后可自行开裂，有的需要在干燥的基础上进行人为加工处理。

（1）蒴果类：如乌桕、紫薇、木槿等含水量很低的蒴果，采后即可在阳光下晒干脱粒净种。而含水量较高的蒴果，如油茶、茶树、杨、柳等，采后一般不能暴晒，应用阴干法。

（2）坚果类：坚果类一般含水量较高，如橡栎类、板栗、榛子等坚果在阳光下暴晒易失去发芽力，采后应立即进行粒选或水选，除去蛀粒，然后放于风干处阴干。堆铺厚度不超过20~25cm，要经常翻动，当种实湿度达到要求时即可收采贮藏。

（3）翅果类：如械树、榆、白蜡、臭椿、杜仲、枫杨等树种的种实，在处理时不必脱去果翅，干燥后清除混杂物即可。其中杜仲、榆的种实在阳光下暴晒易失去发芽力，故应用阴干法进行干燥。

（4）荚果类：一般含水量低，故多用阳干法处理，如刺槐、皂荚、紫荆、紫藤、合欢、相思树、锦鸡儿等，其荚果采集后，直接摊开暴晒3~5d。有的荚果晒后裂开脱粒，有的则不开裂，这类种实应用棍棒敲打或用石滚压碎荚果皮进行脱粒，清除杂物即得纯净种子。

（5）蓇葖果类：玉兰、荷花玉兰、牡丹等，去除假种皮等，只需稍阴干后便可湿藏或播种。

（三）贮藏

依据种子的性质，可将种子的贮藏方法分为干藏法和湿藏法两大类。

1. 干藏法

干藏法指将干燥的种子贮藏于干燥的环境中。干藏除要求有适当的干燥环境外，有时也结合低温和密封等条件，凡种子含水量低的均可采用此法贮藏。

一般树木种子采用普通干藏法，即将充分干燥的种子装入麻袋、箱、桶等容器中，再放于凉爽而干燥、相对湿度保持在 50% 以下的种子室、地窖、仓库或一般室内贮存，多数针叶树和阔叶树种子均可采用此法保存，如金钱松、马尾松、湿地松、杉木、水松、池杉、水杉、侧柏、合欢、侧柏、香柏、柏木、柳杉、云杉、铁杉、落叶松、落羽松、花柏、梓树、紫薇、紫荆、木槿、蜡梅等。

对于一般能干藏的树木种子，采用低温干藏法，即将贮藏温度降到 0 ~ 5℃，相对湿度维持在 50% ~ 60%，可使种子寿命保持一年以上，但要求种子必须进行充分的干燥。

凡是需长期贮存，而用普通干藏和低温干藏仍易失去发芽力的种子，如桉、柳、榆等，均可低温密封干藏。将种子放入玻璃瓶等容器中，加盖后用石蜡或火漆封口，置于低温贮藏室内，容器内可放些吸水剂，如氯化钙、生石灰、木炭等，延长种子寿命。现有采用超低温超干燥贮藏法来延长种子寿命。

2. 湿藏法

将种子贮藏在一定湿度条件下，予以适当的低温，有利于种子生命力的保持。凡是种子标准含水量较高或干藏效果不好的种子，如栎类、板栗、核桃、榛子、银杏、四照花、忍冬、紫杉、荚蒾、椴树、女贞、柿、梨、山楂、火棘、玉兰、鹅掌楸、柑橘、七叶树、千金榆、山核桃以及银槭等种子，都适于湿藏。

湿藏可用挖坑贮藏、室内堆藏、室外堆藏等，都必须保持一定的湿度和 0 ~ 10℃ 的低温条件。一般将纯净种子与湿沙（以手捏成团但又不流水为宜）混合或分层埋入深 60 ~ 90cm 的种子贮藏坑中，贮藏坑可在室外选择适当的地点，挖掘的深度在地下水位以上。对珍贵树种子或量少的种子亦可采用混沙或层藏的方法放在花盆或木箱内，置于贮藏坑中或半封闭的地下室内。

此外，如一些橡栎类种子，还可以精选后装入袋、桶等容器内，沉于流水中或垂于井中贮藏。

四、注意事项

1. 适合阴干法的种子类型

（1）标准含水量高于气干含水量，一般干燥即迅速丧失生命力的种子，如栎类、板栗；

（2）种粒小、种皮薄、成熟后代谢作用旺盛的种子，如杨、柳、桦、杜仲；

（3）含挥发性油质的种子，如花椒；

（4）凡经过水选及由肉质果中取得的种子。

2. 出种率的计算

$$出种率 = \frac{纯净种实重量}{初采种实重量} \times 100\%$$

3. 种子登记

为了合理地使用种子并保证种子的质量，应将处理后的纯净种子，分批进行种子登记，以作为种子贮藏、运输、交换的依据。采种单位应有总册备查，各类种子贮藏、运输、交换时应附有种子登记表卡片（表Ⅱ-1）。

表Ⅱ-1　种子登记表

树　种		科　名	
学　名			
采集时间		采集地点	
母树情况			
种子调制时间、方法			
种子贮藏	方法		
	条件		
采种单位		填表日期	

五、思考题

1. 主要园林树种种实采集的最适时期、调制方法及贮藏方法。
2. 湿藏法与层积催芽法有何本质区别？

实习2　整地、施肥、作床

一、目的

通过实际操作掌握整地、施肥、作床的基本技术要领。

二、材料与用具

肥料、拖板、锄头、铁锹、耙子、皮尺、绳。

三、实习内容与操作方法

1. 整地

整地就是通过耕、耙、耱来改良土壤的结构和理化性质，以达到蓄水保墒、提高土壤肥力的目的，为苗木生长创造适宜的条件。

整地至少要做到二耕二耙。第一次在土面喷洒杀虫药剂后进行翻耕，随机耙平；第二次在施基肥后进行。翻耕的深度为20～30cm，具体深度以耕地的时期、土壤状况、培育苗木种类而定。一般秋耕（深20～25cm）、干旱地、移植苗木或培育大苗时（深25～

35cm）宜深；春耕（深 10cm 左右）、河滩地宜浅。整地应做到及时耕耙、深耕细整、上松下实、不漏耕、不乱土层、不留土块、捡净石块和草根。

2. 施肥

本实习限于时间等客观原因只考虑施基肥。具体方法是将肥料于第二次耕地前均匀地撒在圃地上，基肥要求迟效，一般用腐熟的厩肥、堆肥、绿肥（1500~2000kg/亩 *）、过磷酸钙（25kg/亩）。施肥量也可根据苗圃的计划使用。

3. 作床

（1）区划苗床：在已整好的育苗地段上，划出每个苗床的位置。即在预定作床的地方，按照所设计的苗床规格（高 10~20cm，长 10~20m，苗床上宽 1.2m、下宽 1.3m，步道宽 30~40cm），用木桩定出苗床与步道的位置，桩与桩间拉上草绳。注意苗床为东西走向，小区内的步道比其余步道低 3cm。

（2）打床施基肥：先将床面上的土翻一遍，将基肥（或腐殖土等有机肥料）均匀撒于床面，再将步道上的土翻到两侧的苗床上，直到床高达到规定要求为止。将基肥与表土充分混拌均匀，用铁锹打碎大小土块，用耙子及拖板等将床面表土整平。

（3）修整及镇压床面：将苗床两侧修成 45°斜坡，并用铁锹砸紧，防止崩塌。床面表土要整平细碎，然后轻轻镇压一遍。

（4）施毒土：为防治地下害虫，在作床时可将 50% 乳油的辛硫磷与基肥（或另与 30 倍细土）均匀混合，施入深 15~20cm 的土层中，每亩用药 3kg。也可用蓖麻饼，每平方米床面施用 0.5kg 左右。

四、思考题

1. 基肥应在何时施用？深度如何？施肥量由哪几个因素决定？

2. 整地、作床的最佳季节是什么时候？高、低床各有哪些利弊？南方一般采用哪种苗床作业？

实习 3 种子催芽

一、目的

通过实习了解播种前种子处理的内容和方法，并初步掌握其操作技术。

播种前种子处理主要是催芽处理。种子催芽的目的在于解除种子的休眠而促进其萌发，使播种后发芽迅速整齐，缩短出苗期，延长生长期，增强苗木抗性，提高苗木的产量和质量。

二、材料与用具

（1）材料：选取校园内种植的树种种子，如华山松、香樟、女贞、金钱松、杉木、

---

* 1 亩 = 667m^2。

马尾松、木荷、香椿、刺槐、火炬松、栾树、球花石楠、含笑等的种子。

（2）用具：沙子、筛子、烧杯、量筒、水桶、木箱、小铲、台秤、天平。

（3）药品：福尔马林、高锰酸钾或硫酸亚铁，赤霉素。

三、实习内容与操作方法

播种前种子的处理包括种子消毒和种子催芽。一般种子消毒后，再进行种子催芽。

1. 种子消毒

用 0.15% 福尔马林浸种 15～30min 取出闷 2h，用清水冲洗，晾干后催芽。也可用 0.5% 的高锰酸钾浸 0.5～2h，用量以浸没种子为度，取出用清水冲洗，晾干后催芽。但胚根已突破种皮的种子不宜使用此药剂消毒。也可用 0.5%～1% 的硫酸亚铁浸 2h，捞出用清水冲洗后，阴干后催芽。

2. 种子催芽

（1）温水浸种催芽：香樟、杉木、马尾松、华山松、柳杉、木荷、香椿等种子可于播种前用 40～50℃ 温水浸种 24h，使种子迅速吸水膨胀，促进萌发。

（2）热水烫种催芽：刺槐、相思树、皂荚等种皮坚硬的硬实种子可用 70℃ 以上的热水烫种，然后让水自然冷却浸 24h。

（3）赤霉素溶液浸种：火炬松、木麻黄、黄山松等，需光萌发的树种可用 500～1000mg/L 的赤霉素溶液浸种，以促进其萌发。

（4）混沙催芽：将浸好的种子进行混沙，种沙的体积比为 1∶2～1∶3，沙的湿度为饱和湿度的 60%（即沙充分加水后用手挤沙不滴水，手松时沙仍成松散的团）。种沙混拌均匀后，将种沙混合物放在木箱内，箱底先铺 3～5cm 的湿沙，种沙层上面再覆 5cm 厚湿沙，然后将木箱放在地下室内，温度保持 0～5℃。种子少时，也可放在花盆内。一周后翻倒一次，检查温湿度，适当加水，保持 60% 的含湿量，以后定期检查。如果接近播种期尚未催好芽，可日晒增温，促进萌动。

含笑、落叶松、马尾松、华山松用上法催芽，需 20～30d。如果催芽较迟，也可放在室内（室温 15℃ 左右），每天或隔天浇水和翻动，10d 左右可供播种。也可放入在室外，但室外夜间温度低，为免种子受冻伤，浸水时间要短或不浸水，混沙时间则应较早，可在播前一个月或一个半月进行。

（5）混雪催芽：在地下水位低，背阴避风，积雪多的地方挖埋藏坑。坑深 1m 左右，坑底挖排水沟，催芽时先在坑底埋厚 10～20cm 雪，再将种子与雪按 1∶2～1∶3 的体积比拌均匀放入坑内，再用雪盖 20cm 厚，培成丘形，上覆草帘，帘上再盖秫秸或茅草。

也可用木箱进行雪藏，将木箱置于庇荫避风之处。

四、注意事项

经过溶液消毒和浸种的种子要尽快播种，不能存放；已催芽并萌动的种子严禁使胚芽失水。

五、思考题

1. 简述混沙催芽法的技术要点。

2. 常用园林树种的种子用哪种方法催芽效果好？试结合所看到的资料，加以评价。

3. 播种前的种子处理工作包括哪些？在生产中有何作用？

实习4　播种育苗

一、目的

通过实习掌握播种前种子的准备、播种量的计算及播种的技术要点和操作程序。

二、材料与工具

（1）材料：大粒种子，如板栗、核桃、银杏、池杉、栎类、桂花等；中粒种子，如松、喜树、檫木、香樟、醉香含笑、棕榈等；小粒种子，如香椿、金钱松、刺槐、楸树、杨、悬铃木、桉等。可结合前面实习处理过的种子或校园内采集和贮藏的种子情况进行选用。

（2）工具：压条板、竹筛、稻草、火土灰、锄头、标签、红油漆。

三、实习内容与操作方法

1. 种子的准备

（1）层积催芽的种子，应在播前3~7d内将种子取出，并进行种沙分离。发芽强度不够时应置于15~20℃条件下催芽。

（2）需要温水浸种或冬季来不及层积催芽的种子应进行温水浸种，并在播种前1~2周内进行。

一般种子用水量为种子体积的2倍以上，先倒种后倒水，边浸边搅拌。种粒过小、种皮过薄的种子用水温度为20~30℃；硬粒种子（如刺槐）可用逐渐增温的办法，分批浸种，先用60℃温水浸一昼夜，将吸胀的种子捞出后再用80℃以上的热水浸种，一昼夜后再捞出吸胀的种子，分批催芽，分批播种。如种粒透性不强，吸胀速度不快，可延长浸种时间，每天换水1~2次，待种子已吸胀后捞出并置于15~25℃条件保持湿润，每天用温水冲洗2~3次，待有30%种子已裂开时即可播种。

播种前称其总重，按床或米计算好播种量。

（3）混沙催芽的种子，将混沙催芽的种沙混合物取出，筛去沙子，洗净种子，然后称重（千粒重湿重），求出种子吸水膨胀率（吸水量），以便求算实际播种量。

2. 接种菌根菌

如果培育的是松、栎类等具有菌根的苗木，如火炬松、金钱松、湿地松等，要用原育苗地带菌根的土壤或林下表土接种。

3. 计算播种量

（1）根据育苗技术规程的规定，确定所播种的树种的单位面积（每亩或每平方米）

的播种量。例如，湖北省马尾松、落叶松、香樟一级种子的播种量分别为 6～9kg/亩、7～10kg/亩和10kg/亩。其他树种的播种量可参见附表2。

（2）根据湿种子吸水膨胀率，换算成每平方米的实际播种量（湿重）。

如果播种量不用重量衡量，也可将规定的播种量换算成容积。

4. 播种

（1）播种方法包括撒播、条播、点播。

① 撒播　适于微小粒及小粒种子，如杉木、泡桐、楸树、桉类等。选无风天气在已平整的苗床上稍压实后，将需播的种子分为 2 份，各混以 3～5 倍细沙或沙土（所混的细沙与沙土需与苗床土色不同），2 份种子纵横交错播种，播后筛土覆盖，覆土厚度以不见种子为度，然后用平土板轻轻压实。

② 条播　适于中、小粒种子。在整好的苗床上用压条板或其他开沟器作沟，使沟深为种子直径的 2～3 倍，沟底深要一致，条距 10～25cm，把种子均匀播于沟内，然后用火土灰，要求厚薄一致，并使床面平整。

③ 点播　适于大粒种子、珍贵树种的种子。先在整好的苗床上按一定的株行距（10cm×25cm）打孔，然后将种子放入孔内，也可将种子按株行距直接用手指压入土中，覆土厚度为种子的 2～3 倍。

（2）播种前浇透底水。

（3）要求开沟、播种、覆土和镇压连续作业。

5. 覆盖

播种后要进行覆盖，可采用地膜和稻草等材料。地膜要紧贴床面，并压实四周；覆盖稻草以不见种子为度。在播种后至种子发芽出土这段时间内应经常保持苗床湿润。当幼苗出土量达 1/3 时可除去部分覆盖物，达到 2/3 时撤除全部覆盖物，并注意不要损伤幼苗。耐阴树种前期还要遮阴。

四、思考题

1. 为达到丰产、壮苗的目的，在播种工作中应掌握哪些主要环节？
2. 覆土过厚或厚薄不均，播种时将种子堆集在一起有何害处？
3. 写出本次实习的技术操作过程及体会。
4. 播种期应如何确定？武汉市以什么时间较为合适？
5. 实习所用播种方法有何缺点？应如何改进？

实习5　容器育苗

一、目的

通过实习掌握简易容器的制作和营养土配制的方法，了解容器育苗的生产过程。

二、材料与工具

农用塑料薄膜、黏合机（或电烙铁）、报纸、糨糊、扁担、粪箕、小铲、锄头、肥料、种子。

三、实习内容与操作方法

1. 播种前种子处理

参考种子催芽。

2. 容器的制作

可用一次性塑料杯或纸杯，也可用塑料薄膜黏合成高约18cm、直径8～10cm的容器袋，袋底部与两侧打若干孔以利排水，或用旧报纸黏合成高约12cm、口径约8cm的双层纸袋。用牛皮纸黏合成纸袋亦可。

3. 营养土的配制（表Ⅱ-2）

表Ⅱ-2　营养土的配制

配方 A		配方 B	
黄泥土	30%	附近林地表土或腐殖表土	40%
火烧土	30%	堆　肥	40%
附近林地表土或腐殖质土	20%	河　沙	10%
细河沙	10%	菌根土	10%
磷酸钙	1kg/m³	外加少量的过磷酸钙	
菌根土	10%		

（1）按需要参照配方A，B配制营养土。

（2）营养土混合调试pH值。

4. 播种

（1）装袋：将营养土装入袋内，分层振实，装土量距袋口1cm左右。

（2）排列：将苗床底铲平后，容器整齐对称排列成畦，排好后用沙或泥土填好各容器间的空隙，并培好床边。

（3）播种：将经过催芽的种子在每个容器中播1～3粒，而后覆盖黄心土和火灰土至不见种子，再浇水。以后的管理工作同田间育苗。

四、注意事项

1. 容器袋要黏合结实，装土要分层压实。

2. 在混合土消毒后加入菌根土以免菌根菌被杀死。

五、思考题

1. 容器育苗有何优缺点？

2. 容器育苗应掌握哪些主要环节，与田间育苗有何区别？

实习6 插条育苗

一、目的

了解播条育苗的生产过程，练习插穗采集、剪截、贮藏及扦插的方法，了解影响插穗成活的因素。

二、材料与工具

（1）材料：雪松、悬铃木、紫薇、水杉、香椿等枝条。
（2）工具：枝剪、卷尺、锄头、开沟器、喷壶及盛生长素处理试剂的容器。
（3）药剂：α–萘乙酸、α–吲哚乙酸、α–吲哚丁酸、2,4–D。

三、实习内容与操作方法

枝条扦插依据枝条的成熟度可分为硬枝扦插、嫩枝扦插。

（一）硬枝扦插

1. 采条

落叶树种，插穗可在冬季苗木停止生长、落叶时采集，来年扦插，也可春季随剪随插，如悬铃木、池杉、香椿、毛白杨、水杉等。常绿树种如雪松、龙柏、圆柏等一般随剪随插。

插条要选择生长健壮的幼龄母树上的1年生枝条，或选用1~2年生播种苗、扦插苗和截干苗作为扦插的材料。

2. 插穗的截制

插穗的长度一般为12~20cm，常绿树的枝条要适当除去枝上的叶子，具体截法视树种不同而异。

（1）悬铃木：选择生长健康的枝条（粗1~2cm），剪去顶梢和基部不易成活的部分，其余枝条截成长20cm左右的插穗。原则上每支插穗上保留二节三芽。上切口采用平切口，距最上一个芽1cm；下切口可采用平切口、马耳形、双马耳形3种形式。下切口采用马耳形时，其切口斜面应与下部一个芽的基部靠近，并与插穗上端的一个芽方向相反。枝梢过细应弃去不用。切口要平滑，防止伤芽及造成表皮劈裂。

（2）水杉：一般采用1年生苗截干条或2~3年母树1年生侧枝。在条源不足时也可在大树上采条，但母树10年以上成活率不高。1年生截干条从梢端到基端均可使用，侧枝则带顶芽为好。粗壮的插条，插穗长10~15cm即可，细小的枝条适当长些。

（3）雪松：雪松为常绿树种，应在采条后及时截制，及时扦插。雪松采条的时间对成活率影响很大，洛阳、郑州一带2~3月采条后立即截制，扦插成活率最高，武汉地区和南京地区以12月，长沙地区则以1月采条扦插成活率最高。雪松插穗一般从1年生枝条上截取，而且只截取梢端一段，插穗长度一般为15cm左右，插穗下端7cm左右的针叶要除去，注意去叶时勿撕裂皮层。也可带一部分多年生的枝段。

3. 贮藏

冬采春插的穗必须进行贮藏，贮藏要选择地势高、干燥、排水良好、背风向阳的地方，南方可在地面堆土贮藏，也可在阴凉的室内堆沙贮藏。将插穗每 100 支扎成捆，在贮藏地点排放整齐，混砂间层堆放，最后覆盖稻草，保持贮藏堆湿润、通气。量少也可放在冰箱贮藏。

4. 插穗的处理

为了促进插穗生根，提高扦插成活率，可用生长调节物质处理插穗，最常见的是 α - 萘乙酸，其次是 α - 吲哚乙酸、吲哚丁酸等，也可用华中农业大学林学系配制的生根剂 HL - 43 或其他配方生根剂如 ABT。常用的处理方法有：

（1）快蘸：将插穗下端 2cm 浸在 0.05% ~ 0.1% 的 α - 萘乙酸或吲哚乙酸、吲哚丁酸溶液中 5 ~ 7s，取出即可扦插。

（2）浸条：把插穗基部浸入上述生长调节物质 0.005% ~ 0.01% 溶液中 12 ~ 24h 即可。

（3）粉剂：将含适当浓度生长调节物质的滑石粉或泥浆蘸在插穗基部，然后扦插。

5. 扦插

在苗床上按行距 10 ~ 50cm、株距 5 ~ 30cm（阔叶树株行距大、针叶树株行距小）开沟，将插穗直插土中，切勿使皮部反卷。阔叶树入土深度应以保持地面上留有 1 个芽为宜，针叶树扦插的深度为插穗长度的 1/3 ~ 2/3（雪松为 7cm 左右，池杉、水杉 10cm 左右）。扦插完毕要用手将土压紧，使土壤与插穗紧密相接，有条件时可插在专用的扦插床上。

6. 管理与调查

插穗发根前要注意保持水分平衡，土壤湿润，但切忌过湿。对常绿生根慢的树种要遮阴；过多的萌芽要摘除，保留 1 ~ 2 个健壮且靠近地面的萌芽为佳。

扦插后至发根前，每隔 5d 抽样调查 1 次，观察愈伤组织形成时间和生根时间，比较生长素处理与对照发根的差异，比较皮部生根与愈合组织生根的不同。

（二）嫩枝扦插

嫩枝扦插一般是用半木质化的带叶插条，在生长季节进行的扦插繁殖方法。具体方法与硬枝扦插相似。不同之处表现在以下方面：

1. 采条和插穗的截制

选择采条母树的基本原则和硬枝插条相似。一般来讲，嫩枝扦插，对母树年龄的要求更严格一些，随着母树年龄的增大，插条成活率显著降低。在良种采穗圃不足的情况下，可采用以苗繁苗的方法，解决插条来源。

嫩枝插条应从半木质化的粗壮枝条上剪取。一般是随采随插，不宜贮藏，采集的枝条立即截成插穗。插穗一般保留 1 ~ 4 个节间，长 5 ~ 15cm，插穗上切口为平口，下切口为平切口、单斜口或双斜口，剪口应位于叶或腋芽之下。插穗带叶，阔叶树保留 3 个片叶，针叶树的针叶可不去掉，下部可带叶插入基质中。油松、黑松等，一般采集顶梢枝扦插。在采条和截制插穗过程中，要注意保湿，随时用湿润物覆盖或浸入水中。

2. 扦插环境及其控制

嫩枝插穗生根要求的温度比硬枝稍高，一般为 20~25℃，高者可达 30℃，空气相对湿度应在 85% 以上。一般要进行遮阴。荫棚应保持一定的透光度。光照强度可为 2000~5000lx。

大量繁殖嫩枝扦插苗时，最好装置全光照间歇喷雾设备，以控制湿度，调节温度。

3. 插后管理

扦插后、移植前，主要进行三方面的工作：一是保持插穗的水分平衡；二是根据情况消毒灭菌；三是准备适时移植。一般不进行施肥等工作。

插床要求水分充足，扦插后立即灌水，之后经常保持扦插基质的湿度。一般情况下，嫩枝扦插要进行遮阴，时间长短因树种而异，通过灌水遮阴适当降低温度，并维持插穗的水分平衡。

为了防止插穗下部感病腐烂，可定期喷洒多菌灵或高锰酸钾等。如桑嫩枝扦插，定期喷洒多菌灵，可防止插穗感病腐烂，成活率可达 90% 以上。

插穗生根之后，维持水分平衡的能力大大提高，可适时去掉荫棚，增加通风透光程度，经过适当的锻炼，即可进行移植，移植后的管理与移植苗近似。

四、思考题

1. 落叶树种硬枝扦插采条时间一般为树落叶之后，而常绿树种的采条时间为何时？为什么？

2. 怎样确定嫩枝扦插的最佳时间？

3. 插穗的长短对于成活率和以后的生长情况有无影响？为什么？

4. 促进插条生根有哪些方法？在生产中应注意哪些问题？

实习7 根插育苗

一、目的

了解和掌握根插育苗的生产过程和技术要领。

二、实习内容与操作方法

泡桐、香椿、杜仲、榆、楸树、刺槐、杨等树种的根部能产生不定芽，可以利用根系繁殖苗木。根插育苗是泡桐繁殖苗木的主要方法。

1. 插穗的截制

根插穗一般长 10~20cm、粗 0.5~2cm。泡桐的根插穗要选用 1~2 年苗木的第二层或一层无损伤、无病菌的肉质健壮根，截成长 15~20cm、粗 1.5~2.5cm 的规格，以使根萌芽力强、芽粗壮、生长快、成苗率高。如果条源不足，长度和粗度条件可适当降低，也可在较大的母树上截根。试验证明，短根比长根的生长、成苗率都明显降低。插穗截成上平下斜，尽量减少机械损伤，然后根据根插穗的质量等级（一般按粗度分级）扎成捆。

2. 根处理

大部分根插育苗采用边剪边埋的作业方式。泡桐由于根系含水量高，埋前必须连晒2d方可埋根。为了使泡桐早生根、出苗齐，可将泡桐根置于背风向阳处，上面覆一层薄沙土，夜间用草覆盖，催根2～3d（不要淋雨），只要见出"痱子"（根原始体），立即埋根。

3. 扦插（埋根）

在埋根时一定要分清上、下端，枝条插穗是下端粗上端细，而根插穗是上端粗下端细。埋根多用直插，在分不清上、下端时也可横埋。埋后分层压实，防止根悬空。

4. 管理

插根育苗的管理与插条育苗基本相同，但对于气候较冷的地区要采取提高地温的措施，如可在苗床上搭一小塑料拱棚。

三、注意事项

1. 注意根插穗上、下端不能颠倒，扦插深度要适度、一致。

2. 埋根要露出一小半，必须在埋好的根上封一碗状土堆，冬季埋根土堆适当大点，以不冻根为宜。

四、思考题

1. 根插时采用直埋、斜埋、横埋各有何利弊？以哪种方式最好？

2. 泡桐埋根育苗应掌握哪些关键环节？

实习8①　嫁接育苗——枝接

一、目的

要求掌握接穗和砧木的选取，以及春季枝接育苗的生产技术。

二、材料与用具

（1）材料：预先准备好砧木（如女贞）和接穗（如桂花），或选用本地区嫁接易成活的其他同科不同属或同属不同种的植物作为砧木和接穗。

（2）用具：枝剪、嫁接刀、塑料薄膜条、磨刀石、细白布或毛巾、小竹篮、木槌等。

三、实习内容与操作方法

（一）切接（图Ⅱ-1）

切接是枝接中最常用的方法，适用于1～2cm粗的砧木。

---

① 实习8、实习9内容，指导教师可根据季节、实习场地和材料情况用2～4种方法亲自操作，其他方法指导教师操作示范。

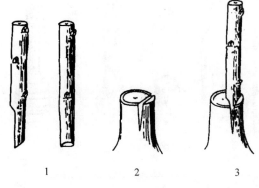

图Ⅱ-1 切接

1. 削接穗 2. 稍带木质部纵切砧木 3. 砧穗结合

1. 砧木的选择与处理

选 1～2 年生实生砧木，生长健壮，直径 1cm 左右，嫁接时在距地面 5～10cm 处剪断。用切接刀将切口削平，再选择砧木平滑的一面，用切接刀稍带木质部，向下作一垂直切口，一般长 2～3cm。

2. 接穗的选择与处理

接穗应从生长健壮、品种固定的母本树上采取，接穗应生长壮实，芽饱满，无病虫害。一般选择母本树冠中上部外围的枝条。把接穗正面削成长 2～3cm 平滑面，深达木质部，背面削一马蹄形小切面，长约 1cm，接穗留 2～3 个芽剪断（桂花一般采用一对芽切接法），顶芽一般留在大切面一边，以便抽梢后幼苗直立生长。

3. 接合和捆扎

接穗削好后，将接穗长削面紧贴砧木切口，并与砧木形成层对准，然后用塑料薄膜条绑紧接口。

（二）劈接（图Ⅱ-2）

适用于砧木较粗的 2～3 年生苗或枝，砧木粗 2～3cm。

1. 砧木的选择与处理

砧木较接穗粗大，在离地面 5～8cm 处剪断，选光滑处用嫁接刀在砧木中间垂直切下，深 3cm 左右。

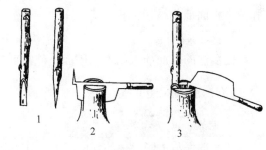

图Ⅱ-2 劈接

1. 削接穗 2. 劈砧木 3. 插接穗

2. 接穗的选择与处理

把采下的接穗去掉梢头和基部芽不饱满的部分，截成 5～6cm 长，然后在接穗芽下两侧削成楔形斜面，长 2～3cm，上面留 2～3 个饱满芽处剪断。

（三）插皮接（图Ⅱ-3）

1. 砧木的选择和处理

要求在砧木较粗并易剥皮的情况下采用。一般在距地面 5～8cm 处断砧，削平断面，选平滑处，将砧木皮层划一纵切口，长度为接穗长度的 1/2～2/3。

2. 接穗的选择和处理

接穗削成长 3～4cm 的单斜面，削面要平直并超过髓心，厚 0.3～0.5cm，背面末端削成 0.5～0.8cm 的一小斜面或在背面的两侧再各微微削去一刀。

3. 接合和绑扎

把接穗从砧木切口沿木质部与韧皮部中间插入，长削面朝向木质部，并使接穗背面对准砧木切口正中，接穗上端注意"留白"。如果砧木较粗或皮层韧性较好，砧木也可不切口，直接将削好的接穗插入皮层即可。最后用塑料薄膜条（宽1cm左右）绑扎。此法也常用于高接，如龙爪槐的嫁接和花果类树木的高接换种等。如果砧木较粗可同时接上3～4个接穗，均匀分布。

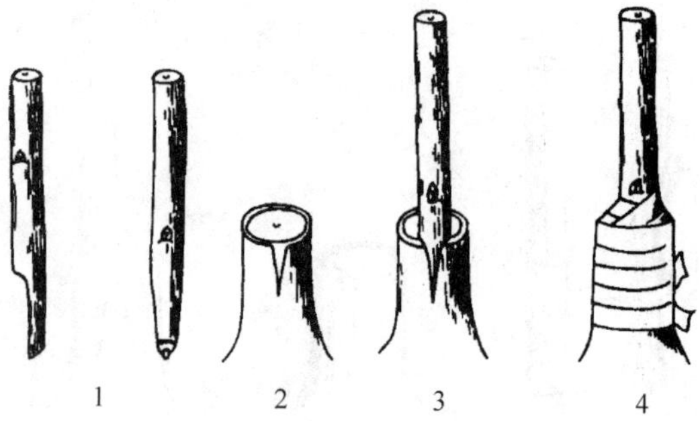

图Ⅱ-3　插皮接

1. 削接穗　2. 切砧木　3. 插入接穗　4. 绑扎

（四）舌接（图Ⅱ-4）

适用于砧木和接穗1～2cm粗，且粗细相当的嫁接。

1. 砧木的选择和处理

将砧木上端削成3cm长的削面，再在削面由上往下1/3处，顺砧干往下劈1cm左右的纵切口，呈舌状。

2. 接穗的选择和处理

在接穗平滑处顺势削3cm长的削面，再在斜面由下往上1/3处顺势劈约1cm的切口，和砧木斜面部位纵切口相对应。

3. 嵌合和绑扎

把接穗的削面插入砧木的削面，使彼此的舌部交叉起来，互相插紧，然后绑扎。

（五）腹接（图Ⅱ-5）

1. 砧木的选择和处理

砧木选择与上同，但嫁接时，砧木不剪断上部，仅在近地面5～10cm处用利刀与砧木呈45°斜切，深达木质部。

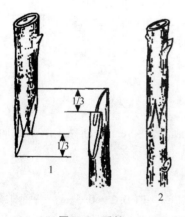

图Ⅱ-4　舌接

1. 砧穗切削　2. 砧穗结合

图Ⅱ-5　腹接

1. 削（普通腹接）接穗　2. 普通腹接

3. 削（皮下腹接）接穗　4. 皮下腹接

2. 接穗的选择和处理

接穗仅留 1 个芽，长削面直削，不见木质部，背面削成 45°斜度的短急削面。

3. 接合和绑扎

砧、穗削好后，随即接合好，用塑料薄膜缠紧按合口并露出芽，而将砧木断面全部包裹。待发芽后新梢长到 10～15cm 以后解开塑料薄膜。

四、枝接苗的田间管理

1. 枝接一般在接后 10～20d 即可愈合，20～30d 发芽后即可确定成活与否。如未成活，应除去绑扎以利砧木重新发枝，并随时除去多余无用的砧芽，以利秋季或来年春季补接。

2. 一般落叶树枝接在检查成活后两周左右或萌芽后解去绑扎物。常绿树切接与腹接可待萌芽抽梢后一个月左右，新梢适当木质化时解去绑扎物。

3. 腹接法需进行剪砧。如为春夏及早秋嫁接的，在抽梢后，并长出 7～8 片叶片时剪去砧木；如为晚秋嫁接的，在次年发芽前剪去砧木。

4. 设立支柱扶直苗木，采用 "∞" 字捆缚法。

5. 及时除砧芽，除副梢和摘心，加强土壤管理，经常中耕除草，注意病虫害防治等。

五、思考题及作业

1. 影响枝接成活的因素有哪些？

2. 枝接 4 周后检查成活情况，填写表Ⅱ-3。

表Ⅱ-3　枝接记录表

嫁接日期	接穗品种	砧木种类	枝接方法	枝接株数	成活株数	成活率（%）	未成活原因分析

嫁接人：_____　　　　　调查成活率的时间：_____

实习 9　嫁接育苗——芽接

一、目的

通过实习初步掌握芽接的基本技能。

二、材料与用具

与枝接同。

三、实习内容与操作方法

（一）丁字形芽接（盾状芽接）（图Ⅱ-6）

1. 砧木的选择和处理

选1~2年生长发育健壮的实生苗，直径为1cm左右。在嫁接之前在离地面30cm处剪除，并将留下的砧木擦去泥土，以便操作。然后在主干离地面7~10cm处选择北面平滑部位，用芽接刀自左向右划一横弧，深达木质部，横口宽度不超过砧木干周的1/3，要与芽片的宽度相适应。再自横弧的中央自上而下纵切一刀，长2~2.5cm，使切口成丁字形。最后用刀尖或刀尾的纵横切口交叉处轻轻挑开皮层，以便插芽。

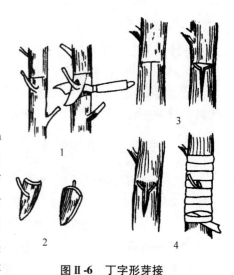

图Ⅱ-6　丁字形芽接
1. 削取芽片　2. 芽片形状　3. 切砧木
4. 插入芽片与绑扎

2. 接芽的选择和处理

采好接穗后立即剪除叶片，仅留叶柄。削取芽时，将接穗倒持在左手的拇指内，使削取芽紧贴左手掌的左外侧上。右手持刀微贴在左手掌心，从芽下方1~1.5cm处向怀面平削一刀，削至芽上方1cm处停止，横切一刀，取下芽片，使削下的芽片长2~2.5cm，宽0.6cm左右。芽片切面务必平滑。

3. 插芽和绑扎

将削好的芽片，用右手执其叶柄，由上而下插入砧木接口，以抵满切缝为度，芽片务必全部插入并使芽片上端与砧木横切口紧密相接。如芽片过长可齐横切口处切除，最后自上而下用薄膜一圈压一圈绑扎。绑扎不宜过紧或过松，还必须露出芽苞及叶柄，绝对不能将芽捆住。

图Ⅱ-7　嵌芽接
1. 取芽片　2. 芽片形状　3. 插入芽片　4. 绑扎

（二）嵌芽接（图Ⅱ-7）

嵌芽接也称为带木质部芽接。这种芽接方法不但具备了其他芽接方法的所有优点，还使嫁接时期延长了，春季萌芽前在园林树木不离皮的情况下也可进行嫁接。

1. 砧木的选择和处理

在砧木选定的高度上，取背阴面光滑处，从上向下稍带木质部削一与接芽片长、宽均相等的切面。将此切开的稍带木质部的树皮上部切去，下部留0.5cm左右。

2. 接芽的选择和处理

切削芽片时，自上而下切取，在芽的上部 1～1.5cm 处稍带木质部往下斜切一刀，再在芽的下部 1.5cm 处横向斜切一刀，即可取下芽片，一般芽片长 2～3cm，宽度不等，依接穗粗度而定。

3. 嵌合和绑扎

将芽片插入切口，使两者形成层对齐，再将留下部分贴到芽片上，嵌入接芽后，要使之与砧木的形成层对齐，若粗度不一致，要使一侧形成层对齐。最后用塑料条自下而上绑扎紧密，注意露出叶柄与芽。绑扎时，要保证上下嫁接口密闭，使之不透水、不透气。

四、芽接前后管理及成活率检查

芽接前如天旱，砧木不易剥皮，则可先 2～3d 灌水一次，以助形成层活跃分裂。芽接后经常检查成活率和束缚物的松紧程度。一般常绿树种在接后 20d 左右，落叶树种在接后 10d 左右即可检查成活情况。如接芽与芽片仍保持原来颜色，没有变褐或枯黄，芽片没有皱缩，叶柄一触即落，表示已成活，可将束缚物除去；若接芽与芽片颜色改变，且已皱缩，叶柄枯黄而不脱落，则表示没有接活，亦除去捆扎物，并立即补接以便消除缺苗现象。芽接成活后可参照腹接法剪砧。

五、思考题及作业

1. 影响芽接成活的因素有哪些？
2. 芽接后 3 周检查成活情况，填写表Ⅱ-4。

表Ⅱ-4　芽接记录表

嫁接日期	接穗品种	砧木种类	芽接方法	芽接株数	成活株数	成活率（%）	未成活原因分析

嫁接人：_____　　　调查成活率的时间：_____

实习 10　苗木调查

一、目的

练习苗木调查方法并掌握各方法的要点。

二、材料与工具

（1）材料：播种苗、移植苗或插条（根）苗。
（2）工具：游标卡尺、钢卷尺、记录板、计算器、皮尺、调查表格。

三、实习内容与操作方法

1. 调查内容

苗高（H）、地径（D）、根系发育状况及苗木产量。将调查结果填入表Ⅱ-5，表Ⅱ-6中。再根据两表，将合格苗（出圃）、不合格苗（留床或移植）、废苗分别统计，并填写苗木调查统计表Ⅱ-7，根据标准地的调查结果推算出全圃的生产情况，列表上报，提出今后的经营意见。

表Ⅱ-5　苗木质量调查表

树种：＿＿＿＿＿＿　苗龄：＿＿＿＿＿＿　苗木类型：＿＿＿＿＿＿　　标准地号：＿＿＿＿＿＿

调查日期：＿＿＿＿＿＿　　调查地点：＿＿＿＿＿＿　　调查人：＿＿＿＿＿＿

平均苗高：＿＿＿＿＿＿　　平均地径：＿＿＿＿＿＿

株号	苗高(cm)	地径(mm)	H (cm)	D_0 (mm)	H (cm)	D_0 (mm)	H (cm)	D_0 (mm)	H (cm)	D_0 (mm)	H (cm)	D_0 (mm)	H (cm)	D_0 (mm)
1														
2														
3														
4														
5														
6														
⋮														

表Ⅱ-6　苗木产量调查记录表

树种：＿＿＿＿＿＿　苗龄：＿＿＿＿＿＿　苗木类型：＿＿＿＿＿＿　　标准地号：＿＿＿＿＿＿

调查日期：＿＿＿＿＿＿　　调查地点：＿＿＿＿＿＿　　作业方式：＿＿＿＿＿＿

平均苗高：＿＿＿＿＿＿　平均地径：＿＿＿＿＿＿　施业面积：＿＿＿＿＿＿　净面积：＿＿＿＿＿＿

样　地　号	苗木株数	样　地　号	苗木株数	样　地　号	苗木株数

调查圃地苗木总株数：＿＿＿＿＿＿　　　调查人：＿＿＿＿＿＿

平均每个样地的苗木株数：＿＿＿＿＿＿　　调查日期：＿＿＿＿＿＿

产苗量：＿＿＿＿＿＿（株）

表 II-7　苗木产量、质量调查统计表

_____省 _____县 _____苗圃

树种	苗木年龄	苗木类型	育苗面积（亩）	总产苗量（株）	超级苗①				I 级苗②				II 级苗③				III 级苗④				废苗			
					苗高（cm）	地径（cm）	小计	占总量比例（%）	苗高（cm）	地径（cm）	小计	占总量比例（%）	苗高（cm）	地径（cm）	小计	占总量比例（%）	苗高（cm）	地径（cm）	小计	占总量比例（%）	苗高（cm）	地径（cm）	小计	占总量比例（%）

注：①超级苗：苗高、地径大于 2～3 个标准差的苗木；
　　②I 级苗：发育良好的苗木；
　　③II 级苗：基本上符合规格的苗木；
　　④III 级苗：不宜出圃的弱苗。

2. 调查时间

一般在秋季苗木生长即将停止或开始落叶前（10～11 月）进行。调查时应按树种、育苗方法、苗木的种类和苗木的年龄分别进行。

3. 样地面积的确定

样方的大小或样行的长度根据苗木的密度来确定，密度大的样方面积可小些，一般以 20～25 株苗木所占面积为样方面积，针叶树播种苗可达 30～50 株，以同样的方法确定样行长度。总抽样的面积为苗木总面积的 2%～4%。

4. 样地数量的确定

粗估样地块数按式（1）计算：

$$n = \left(\frac{t \cdot c}{E} \right)^2 \qquad (1)$$

式中　n——样地块数；

　　　t——可靠性指标（粗估时可靠性定为 95%，$t = 1.96$）；

c——变动系数；

E——允许误差百分比（精度为 95% 时，$E = 5\%$）。

其中 t，E 是已知数，c 值参考过去调查的变动系数确定。如无过去资料，可按式（2）、（3）求得：

$$S = \frac{X_{\max} - X_{\min}}{5} \tag{2}$$

$$C = \frac{S}{\overline{X}} \times 100\% \tag{3}$$

式中　S——粗估标准差；

$X_{\max}$——单位面积内最大密度（株）；

$X_{\min}$——单位面积内最小密度（株）；

$\overline{X}$——单位面积内平均密度（株）。

5. 样地的布点

样地的面积和数量确定之后，为了使调查结果可靠，具有较高的精度，还必须使样地的布点具有代表性。样地必须客观地、均匀地分布在整个苗圃地，才能具有最大的代表性。一般分随机布点和机械布点两种。本实习采用机械布点的方法。

（1）标准行法：该方法适用于条播，每隔一定的距离选出一行作为标准行，标准行全部选出后，在标准行内进行每株调查，达到调查数目为止。在样地上量出一定长度的苗行，清点其苗木数，即为苗木的产量。

（2）样方调查：该法适于撒播，在育苗地上每隔一定的距离选出一块面积一定的小样方做标准地，在标准地内进行每株调查，达到调查数目止，产量调查方法同上。

6. 计算精度

将每块样地内的苗木逐株数清。用系统抽样法，抽取一定数量（一般不少于 100 株）样苗，测量苗高、地径。将结果分别记入表Ⅱ-5 和表Ⅱ-6 中，并按式（4）~（8）计算精度。

$$\overline{X} = \frac{\sum\limits_{i=1}^{n} X_i}{n} \tag{4}$$

$$S = \sqrt{\frac{\sum\limits_{i=1} (X_i - \overline{X})^2}{n-1}} = \sqrt{\frac{\sum\limits_{i=1}^{n} X_i^2 - n\,\overline{X}^2}{n-1}} \tag{5}$$

$$S_{\overline{X}} = \frac{S}{\sqrt{n}} \tag{6}$$

$$E = \frac{X \cdot S_{\overline{X}}}{\overline{X}} \times 100 \tag{7}$$

$$p = 1 - E \tag{8}$$

式中　X_i——第 i 个样本单元观察值；

$\overline{X}$——样本平均数；

n——样本单元数；

S——样本标准差；

$S_{\bar{X}}$——标准误差；

E——相对误差；

p——精度。

如没有达到精度要求，先按式（3）$C（\%）= \dfrac{S}{\bar{X}} \times 100$ 求出初估样地（样苗）的变动系数，再按式（1）$n = \left[(t \cdot c) / E \right]^2$ 计算应设样地（样苗）数，补设样地（样苗）。

7. 计算苗木产量、质量

先计算育苗面积，再根据样地（样苗）调查的结果，计算出各级苗木的产量、质量填入表Ⅱ-5、表Ⅱ-6中。

四、注意事项

1. 标准行或标准地必须具备代表性。

2. 量苗高要量至顶芽或生长点，量地径时须将卡尺放平，读数后再将卡尺取下。

五、思考题

1. 简述苗木调查的目的。

2. 生产性的调查工作宜在何时进行？

3. 简述两种调查方法的优劣。

实习11 起苗、分级、统计、假植和苗木包装

一、目的

了解起苗、分级、统计、假植和苗木包装等工作的实践意义及各工序的操作技术。

二、材料与用具

（1）材料：针、阔叶树的播种苗、营养繁殖苗和移植苗。

（2）用具：锄头、手锹、钢卷尺、卡尺、秤、稻草（或草帘）、草绳、标签、木箱。

三、实习内容与操作方法

（一）起苗

1. 起苗时间

原则上在休眠期内起苗，落叶树在树木落叶后至翌春树液开始流动之前起苗。起苗时间最好与造林时间吻合，假植时间过长可能造成苗木失水而影响造林成活率。常绿树应随时起苗随时栽植，不宜长期假植。

2. 起苗要求

（1）起苗时必须保证苗木的质量，特别保证有较完整的根系并严防苗木干燥失水。

（2）起苗必须达到一定深度，针叶树苗不小于20cm，阔叶树苗应达到25～30cm。

（3）在苗根尚未挖出之前，不能用手硬拔，以防折断苗茎、侧枝和顶芽。

（4）防止风吹日晒，将出土的苗木根部用湿润物加以覆盖或临时假植。

（5）圃地如果干燥，应在起苗前进行灌溉，使土壤湿润。

3. 起苗方法

（1）起裸根苗（小苗）：最好用手锹，由两人组成一组，一个在离播种行10cm处挖一条小沟，深35～40cm，一侧沟壁垂直，另一侧沟壁倾斜，在垂直沟壁下部25～30cm处，用手锹挖一条较深的沟，并把过长的根切断，然后将锹插入第一行与第二行苗木之间，将苗木挖出交给另一人，再继续用手锹起下一株苗。另一人则将挖出的苗根上的泥土轻轻震落，并适当修剪受伤的主根和枝条，然后将苗木有次序地放在荫蔽之处，或用湿润的稻草临时盖上，或直接假植。

（2）起带土球苗：绿化用苗或珍贵树种多用带土球苗，起苗时必须在离主干一定距离的四周挖沟，再用锹在地表30～50cm以下近于垂直主干的方向挖横沟，切断过长的主根，保持土团的完整，稻草或草绳缚紧，然后提出坑外，以便运输。

（二）分级、统计

1. 分级

起苗后，根据苗木品质指标对苗木进行全面的分级，如根系的长度、根系发育状况、地径的粗细、苗高、机械损伤和病虫害因子，将苗木分成若干等级。本次实习将苗木分成4级。具体树种分级标准见附表。主要依据是地径和苗高，其他品质指标只作参考：

（1）发育良好的苗木。

（2）基本上可出圃的苗木。

（3）弱苗：适于留床或移植继续培育。

（4）废苗：不宜出圃，也无继续留植的意义。

2. 统计

分级之后即将各级苗木加以统计并算出总数，或以苗木调查所得数据为准。

（三）假植

1. 短期假植

起苗后短时间即将出圃的苗木，为减少苗木失水，将根系暂时埋在土中。造林时当天栽不完的苗木也要用湿润的土壤掩埋根系。

2. 长期假植

冬季起苗翌年栽植的苗木，或其他起苗与造林时间相距较长的情形都要进行长期假植。方法是先选择排水良好、背风、荫蔽的地方，用锄头挖深达25～30cm的宽沟，沟壁一面倾斜，然后将苗木按大小不同单株排放于沟壁上，将挖第二条沟的土壤培至苗茎长的一半。随挖随假植。

（四）包装

苗木运往栽植地时，为了防止失水，提高造林成活率，一般要对苗木包装。

1. 裸根苗的包装

先将湿润物放在薄包上，然后将苗木根对根放在上面，而且要在根间放稻草，如此分层放苗，直到重量达20kg为止，再将苗木卷成捆，用绳子捆绑即可。若用木箱装运应加盖，并注意通气。常绿树种只包装根部，落叶树种可全包。

2. 带土球苗的包装

用稻草包扎土球，其方法繁简因运输的远近而定。

四、思考题

1. 起苗工作中要保证苗木的质量应注意哪些问题？

2. 分级的标准有哪些？

3. 假植、包装的目的是什么？应注意哪些问题？

实习12 苗木年生长规律的观察记载及分析

一、目的

为了提高苗圃的经营水平，达到苗木速生、丰产的目的，必须建立苗圃技术档案，其中重要的记载项目之一就是系统地调查记载苗木生长过程和气象条件，这是掌握苗木年生长规律、制定合理技术措施的关键。通过实习力求增加感性认识，印证、巩固和丰富理论知识；培养观察和分析问题的能力，初步了解苗圃科学研究的方法；掌握几个主要造林树种苗期年生长规律及相应的管理技术措施。

二、实习内容与操作方法

（一）选定观察对象

采用随机抽样或机械抽样的方法选定标准行或标准地（$0.5 \sim 1m^2$）作为观察对象，要求样本数目为30～50株，且具有代表性。选定后，在现场作出标志并绘制位置图，避免各次调查时发生错误。

（二）观察记载的内容和方法

1. 种子发芽阶段

种子发芽阶段指从播种至发芽结束为止的一段时期。主要调查各树种种子的场圃发芽率，测定不同育苗技术对场圃发芽率的影响，以及场圃发芽率与实验室发芽率之间的关系。将调查结果记于种子发芽阶段调查记载表（表II-8）内。

班：　　　组：

表Ⅱ-8　种子发芽出土阶段调查记载表

树种	种源	种子处理方法	播种方法	播种量	播种日期	调查日期	调查天气			调查行1				调查行2				……				调查行合计									出土数累计（株）
							晴或雨	气温（℃）	土温（℃）	死亡数（株）	现存数（株）	出土数（株）	出土累计数（株）	死亡数（株）	现存数（株）	出土数（株）	出土累计数（株）	死亡数（株）	现存数（株）	出土数（株）	出土累计数（株）	死亡 合计（株）	死亡 平均（株）	死亡 点累计（%）	现存 合计（株）	现存 平均（株）	现存 点累计（%）	出土 合计（株）	出土 平均（株）	出土 点累计（%）	

（1）调查时间：播种后至出土前，每天观察一次。待苗木开始出土时，在出土的第一周，每隔1d观察记载一次；出土后第二周（8～14d），每隔2d调查一次；第三周（15～21d）每隔3d调查一次；从第四周以后，每隔5d调查一次，直到连续二次调查间隔内没有发芽出土的苗木为止。最后计算场圃发芽率。

$$场圃发芽率 = \frac{圃地发芽种子粒数}{播种粒数} \times 100\%$$

（2）观察统计项目及步骤：

① 死亡株数　每次观察时，首先将枯死的、病虫害及人畜为害死去的苗木拔出（便于以后统计死苗数），统计株数。

② 现存株数　对拔去死亡株数之后保存下来的健全苗木，每次进行全部统计。

③ 出土数　指上次检查之后到本次检查期间苗木出土数，即：

本次出土数 = 本次现有数 + 本次死亡数 − 上次现存数

④ 出土累计数　从第一次发芽出土到本次发芽出土的累计数，即：

本次出土累计数 = 上次出土累计数 + 本次出土数

⑤ 计算各个调查对象的平均因素　若其中有个别调查对象由于某种特殊原因其结果相差太远，不应计入。

⑥ 其他　在进行调查统计工作的同时要记载每次苗木死亡的原因以及表土杂草等状况。

2. 苗木生长阶段

苗木生长阶段指苗木出土结束至顶芽形成（及生长停止）为止的一段时期。主要进行苗高生长、地径生长、根系生长及其鲜重和干物质的测定。将结果填于播种苗生长情况记载表Ⅱ-9，表Ⅱ-10（每种育苗措施各填一张表）。

表Ⅱ-9　苗木生长调查表

树种：_____

调查项目　调查日期	苗高(cm)	地径(cm)	根系					鲜重（g）			干重（g）			备注
			主根长(cm)	根颈(mm)	根幅(cm)	侧根数(根)	根总长(cm)	根系	枝茎	叶重	根系	枝茎	叶重	

表 II-10　苗木调查统计表

树种：_____　　　　　　调查株数：_____

调查项目　　　　调查日期	苗高（cm）			地径（cm）			根 系					鲜重（g）			干重（g）			备注
	最大	最小	平均	最大	最小	平均	主根长（cm）	根颈（mm）	侧根数（根）	根幅（cm）	总根长（cm）	根重	枝茎	叶重	根重	枝重	叶重	

（1）调查时期：从场圃发芽结束（最后一次种子发芽）起每隔10d调查一次。

（2）调查的项目及方法：

① 死亡率及保存率的统计　先在上一阶段选出的调查对象中，确定场圃发芽率和苗木生长状况，对最有代表性的对象进行统计，最后观察苗木的消长率。

② 苗高的测定　将选出的调查对象中所有现存的苗木进行测定（量多时机械抽样测定），求其平均值填入相应的表格内。实生苗苗高是指根际径至苗木主干梢端生长点的长度；扦插苗则是从主枝（非插穗）基部至顶端生长点（非叶尖）的长度，精度为0.01cm。

③ 地径的测定　用游标卡尺测定粗度，不具有顶芽的扦插苗（指插穗及带顶芽的）则测定主枝距离插穗2cm处的粗度，精度为0.01mm。

④ 根系的测定　测定根系需将苗木取出，因此必须在调查范围之外选择苗木密度与调查范围内密度相似的地点。在平均高、地径允许变动范围内取5株，取苗前先使土壤湿润、松软，取苗时用小锄小心挖出，不能使根系损伤和变形。挖出苗木洗净后，在室内按以下各项指标进行测定，填入表内。

根颈粗　用游标卡尺测定根颈粗度。

主根长　从根颈至根尖，主根不明显者测定最长的垂直根。

侧根数　从主根发出的各级根为侧根。从主根长出的根为一级侧根，从一级侧根长的为二级侧根，……以此类推。侧根数是指各级侧根的总数。

　　根总长　主根和侧根的总的长度。

　　根幅　根系在土壤中水平分布的垂直投影。测量时，最好起苗后立即在现场测出，以免时间长，根变形。测定十字线水平分布的平均幅度。

　　根重　测定根系后，用吸水物（吸湿纸等）吸干苗木表面的水分，然后靠近根颈切断。地上部分和地下部分分别用 1/1000，大苗木可用 1/100 的天平称出鲜重，再分别捣碎置于 105℃ 干燥箱，烘 6h，分别称其干重，最后求出含水率。

　　3. 物候观测的方法

　　（1）树液流动：树皮（包括韧皮部）与木质部光滑地分离，并在木质部里呈水湿状态时，即为树液开始流动。

　　（2）芽膨胀：①凡具有苞鳞的芽，当芽鳞沿芽的纵切面稍稍张开，但还未彼此分离，在张开处出现苞鳞组织，并在其上可见淡淡的窄浅条纹时，即为芽膨胀。②当能看到芽有明显的体积增大时为芽膨胀。③对于隐闭芽，当芽向外伸长时为芽膨胀。

　　（3）芽展开：

　　①具有苞鳞的芽　当苞鳞彼此分离，绿色幼叶自芽顶部伸出时为芽展开。

　　②隐闭芽　芽已向外伸出，并能见到绿色幼叶为芽展开。

　　③针叶树　当芽稍伸长，已失去其正常的圆锥形，开始呈圆柱状时为芽展开。

　　（4）开始出叶：阔叶树种幼叶已具有该树种叶子的正常形状时，针叶树自叶鞘内伸出时，为开始出叶。

　　（5）完全出叶：阔叶树叶具有该树种正常叶的大小和特征时，针叶树新针叶达到正常针叶长度一半时，为完全出叶。

　　（6）抽新枝：当芽抽展为新梢，开始长度生长，但生长很慢时为抽新枝。

　　（7）侧芽形成：新枝上的新侧芽虽未达到正常颜色，但已达正常芽大小时，即为侧芽形成。

　　（8）顶芽形成：新顶芽发育到正常顶芽大小，即为顶芽形成。

　　（9）叶变色：当苗木第一次出现秋色叶颜色（因树种而异，有红、黄色）的树叶时，为叶变色。

　　（10）叶初落：当有少数叶开始脱落时即为叶初落。

　　（11）叶全落：苗木的叶子几乎全部脱落即为叶全落。

　　（12）愈伤组织形成：插穗下端形成一种半透明的不规则的瘤状突起时，即为愈伤组织形成。

　　（13）开始生根：在适宜的温度、湿度和通气条件下，当插穗皮部或愈伤组织长出新根时，为开始生根。

　　（14）种子萌动：由于胚部细胞分裂长大使种皮破裂而露白，为种子萌动。

　　（15）发芽：当胚根突破种皮，长度达种子长度或 1/2 长度时，为种子发芽。

　　（16）幼苗出土：种子发芽后，胚轴加强活动，子叶或真叶出土，即为幼苗出土。

上述物候期应依扦插苗和播种苗的区别而增减观察次数。观察时要把病虫害、机械损伤、灾害性天气引起的叶变色、落叶等现象与各发育期特征加以区别，同时还应注意是否有二次生长现象。

观察以不漏测、不迟测任何一个发育期为原则，一般5d观察一次，在每旬的第五天和旬末进行。被观测的苗木有10%进入某一发育期时，方为该发育期的开始；如有50%以上的苗木进入该发育期，即为该发育的普遍期。

三、作业

根据给定的气象资料及某种苗木年生长逐旬调查结果，绘制气温、降水量、蒸发量以及苗木高生长、地径生长过程曲线图。用文字分析苗木生长过程，分析气象因子等对苗木生长的影响，找出不同代表性树种的年生长规律及差别，并阐明苗木处于各生育时期的特点及应采取的生产管理技术。

实习 13　幼苗形态识别

一、目的

了解幼苗的形态特征，以便在苗圃生产中正确认识和鉴别幼苗。

二、材料与工具

针、阔叶树幼苗，挖苗锹、放大镜、测量尺、记录表等。

三、实习内容与操作方法

选若干针、阔叶树幼苗，从苗床小心取出，清水洗去泥土、脏物，在野外或室内按下述方面加以识别，准确描述和记载其特征。

1. 种子萌发方式

种子萌发可分为子叶留土和子叶出土两种方式，一般同科树种的萌发方式是相同的，但也有例外。如松科除油杉属外，都是出土萌发。同属中也有不一致的，如无患子子叶出土，而云南无患子子叶留土。此外还有半出土萌发的类型，如黄连木。

2. 子叶

在出土萌发幼苗中子叶表现的多种特性和特征是鉴定幼苗的主要依据之一。

（1）子叶数目：双子叶植物为2，单子叶植物为1。在裸子植物中，子叶数目为2枚以上。有些科属种子的子叶数目是固定的，有些是不固定的，子叶3片或3片以上的种常有一定的变化幅度，如池杉为5~8片，雪松为9~13片。因此，在确定子叶数目时，要注意其变化范围。

（2）子叶大小：同一种子叶其大小有一定幅度，但比较固定。注意测量子叶大小时要从长、宽两个方面测量。

（3）子叶形状：子叶的形状各式各样，如针形、线形、锥形、卵形、椭圆形、圆形、方形等。认真观察，准确描述子叶的形状，并注意子叶是否具锯齿、子叶先端与基部的特征、子叶柄的有无及子叶柄长度。

（4）子叶表面及颜色：用肉眼或借助放大镜观察子叶两面和子叶柄，看是否被毛。观察子叶的脉序是属于网状脉、羽状脉、平行脉，还是掌状脉。此外，子叶的颜色以及是否有光泽都应记载。

3. 下胚轴和上胚轴

子叶的下胚轴与主根相连，交接处为根颈，上胚轴与幼茎相接，交接处发生初生叶或初生不育叶。上胚轴和下胚轴的长度、粗度、颜色和附着物都是比较固定的，可用于幼苗的鉴定。有些树种在根颈部分有蹄状或环状隆起物（如杨柳科）或有一圈毛状物（木麻黄），这些也是识别特征。

4. 初生叶和初生不育叶

子叶或上胚轴出土后，接着长出初生叶。子叶留土的幼苗，则常先生出初生不育叶，再生出初生叶。初生叶的形状与其真叶比较，有的相似（如水杉），有的稍有差别（如银杏），有的则相差很大（如柏科初生叶为刺形，真叶则为鳞形）。此外某些树种初生叶的叶序与真叶也不一致，因此初生叶在幼苗鉴定中很重要。从初生叶至正常真叶的形状，通常有一系列中间类型，在幼苗鉴别时要注意中间类型特征。在留土萌发的幼苗中，初生不育叶的形态、颜色、数目对幼苗鉴别也很重要，要加以注意。

5. 根系

幼苗根系的长短、粗细、颜色在不同树种间也有差别。如池杉为白色，水杉则为淡红褐色。

6. 其他

幼苗的特殊气味、是否含有乳汁、叶内有无腺点等，都可作为鉴定幼苗的特征。

四、实例描述

雪松出土萌发时，子叶 9～10（13），线状锥形，横切面呈三角形，长 3.8～4.5cm，径约 1.2mm，微弯呈拱形，先端尖，下面黄褐色，上面两侧各有 6～7 条白粉气孔线，粉绿色。上胚轴短而不明显，幼茎淡黄绿色，被白粉。初生叶螺旋状互生，针形，横切面呈椭圆形，初长 10～15mm，向上渐长 30～40mm，先端锐尖，上、下两面各有 5～6 条白粉气孔线，叶呈粉绿色。下胚轴圆柱形，粗壮，长 5～6.2cm，径 2.5mm，初呈淡绿色，后变淡红褐色。幼苗顶端弯向一侧。主根粗长，侧根较细，红褐色。

五、作业

描述所鉴定幼苗的特征，并与大苗特征进行比较。

实习 14　化学除草

一、目的

了解和掌握化学除草的一般操作方法和技术。

二、原理

不同类型的除草剂其杀草机理也不一样。总的来说，除草剂接触杂草或被其吸收后，干扰和破坏了杂草的正常生理生化机能，如抑制光合作用、破坏呼吸作用或干扰植物激素，造成杂草生长反常，最终死亡或生长失控。

三、材料与工具

（1）材料：内吸型和触杀型除草剂。
（2）用具：水桶、量筒、过滤纱布、细土、筛子、锹、搅拌用具、喷壶、喷雾器、天平、刷子等。

四、实习内容与操作方法

1. 选定除草剂

根据所育苗木种类及特性以及现有药剂进行选择。苗圃常用除草剂见表Ⅱ-11。

表Ⅱ-11　苗圃常用除草剂

名　称	性　状	适用范围	施用方法	备　注
乙氧氟草醚（果尔、割地草、惠光、施普乐、蒜保、美割、允草平、草枯特）	选择性　触杀型	针、阔叶树 道路、休闲地	播后苗前土壤处理 苗期茎叶处理	有光照才能发挥杀草作用
阿特拉津（莠去津）	选择性　内吸型	针叶树林 道路、休闲地	茎叶处理	
除草剂一号（南开一号）	灭生性　内吸型	道路、休闲地	春茎叶处理	
敌稗（斯达姆）	选择性　触杀型	道路、休闲地	春、夏茎叶处理	
草甘膦（农达、春多多、农民乐、达利农）	灭生性　内吸型	针、阔叶树 道路、休闲地	萌发期茎叶处理	

（续）

名　称	性　状	适用范围	施用方法	备　注
盖草能（氟吡甲禾灵、氟唑磺隆、吡氟氯禾灵）	选择性　内吸型	针叶树，杨、柳插条	播后苗前土壤处理 苗期茎叶处理	能有效防除禾本科杂草，对阔叶杂草无效
精禾草克（精喹禾灵）	选择性　内吸型	针、阔叶树 道路、休闲地	苗期茎叶处理	
扑草净（扑蔓尽、割草佳、扑灭通、扑草津）	选择性　内吸型	针、阔叶树 道路、休闲地	萌发期土壤处理 苗期茎叶处理	
森草净（甲嘧磺隆、嘧磺隆、草灌净、林无草、OUST）	选择性　内吸型	针叶树 道路、休闲地	萌发期土壤处理 苗期茎叶处理	

注：① 茎叶处理法：把除草剂直接喷洒在杂草的茎叶上；
② 土壤处理法：把除草剂直接喷洒土壤中或制成毒土施于土壤中；
③ 播后苗前：指播种（或扦插）以后，幼苗尚未出土（插穗尚未发芽）这段时间；
④ 苗期：指幼苗已出土（插穗已发芽），幼苗生长发育期间。

2. 施用量

除草剂的使用效果与药量有密切关系。用量过多会引起药害；用量过少则起不到除草的作用。但除草剂与其他农药不同，一般情况，对药液的浓度没有严格要求，一般只要求按照单位面积的施用量，均匀地施放在规定面积即可。通常针叶树苗较阔叶树苗抗药性强，用量可适当增加；同一树种二年生以上留床和移植苗比一年生播种苗抗药性显著增加，用量可适当增加；当气温高时，除草剂用量可稍减。另外，土壤条件、降水量等也影响施用量。

3. 施用方法

由于除草剂的剂型不同，使用方法也不相同。

（1）浇洒法：适用于水溶剂、乳剂和可湿性粉剂。先称取一定量的药剂，加少量的水使之溶解、乳化或调成糊状，然后加足量水，用喷壶或洒水车喷洒苗床和道路。加水量的多少，与药效关系不大，主要视喷水孔的大小而定。一般每亩用水量约500kg。

（2）喷雾法：适宜剂型和配制方法同上，不同的是用喷雾器喷药，要求喷洒的雾点直径在100～200μm内，每亩用水量比浇洒法少约50kg。

（3）喷粉法：适用于粉剂，有时也用于可湿性粉剂。施用时应加入重量轻、粉末细的惰性填充物，再用喷粉器喷施。多用大苗除草。

（4）毒土法：适用于粉剂、可湿性粉剂和乳剂。取含水量20%～30%的潮土（手握成团，手松即散）过10～20号筛备用。称取一定量的药剂，先加入少许细土，充分搅匀，再加适量土（按每亩 25kg 计算），充分搅拌。如是乳剂除草剂，可先加少量水稀释，喷于细土壤中，然后拌匀撒施，但要随配随用，不可久放。

（5）涂抹法：适用水溶液、乳剂和可湿性粉剂。将药配成一定浓度的药液，用刷子直接涂抹意欲毒杀的植物。一般用于杀灭苗圃大草和灌木。

4. 除草效果检验

（1）杂草死亡率：

$$杂草死亡率 = \frac{施药前后杂草数之差}{施药前杂草数} \times 100\%$$

$$= \frac{对照、处理区杂草数之差}{对照区杂草株数} \times 100\%$$

计算时单位也可用鲜重表示。

（2）杂草死亡指数：

$$杂草死亡指数 = \frac{\sum_{i=1}^{4}（级数^* \times 该区株数）}{各级株数总和 \times 重量级} \times 100\%$$

五、作业

1. 触杀型与内吸型除草剂原理和效果有何差异？
2. 计算杂草死亡指数。

实习 15　病虫害防治

一、目的

初步掌握施用波尔多液防治病害的操作方法。

二、用具及材料

喷雾器、烧杯、量筒、木桶、缸、盆、木棒、台秤、硫酸铜、生石灰等。

三、实习内容与操作方法

1. 配制波尔多液

用 1% 等量式波尔多液。配制方法如下：在容器中放入 0.5kg 硫酸铜，用 5kg 热水溶化，滤去残渣，再加入清水兑成 25kg，成为硫酸铜稀溶液。在另一个容器中，放入未经潮解风化的生石灰 0.5kg，浇上适量的温水，使其水解成糨糊状，再加一些清水冲淡，滤去残渣，然后加入清水，兑成 25kg。将这两种溶液一起缓缓倒入一个较大的容器中，随

---

* 分级标准：0 级，杂草植株完全无伤害；1 级，杂草植株轻微伤害；2 级，杂草植株 1/4～1/2 伤害；3 级，杂草植株 1/2～3/4 伤害；4 级，杂草植株 3/4 伤害至全株死亡。

倒随搅拌，使之均匀混合，即成天蓝色的波尔多液。

配制时切忌用铁制容器，可用木桶或水缸等。药量为 $0.3 \sim 0.6kg/100m^2$ 硫酸铜和生石灰。

2. 喷药

用背负式喷雾器按 $1kg/m^2$ 进行喷洒。

四、苗圃防治病虫害常用药剂（表Ⅱ-12）

表Ⅱ-12　苗圃防治病虫害常用药剂

名　称	防治对象	用　法
硫酸铜	立枯病、菌核性根腐病（白绢病）	100 倍液浇灌苗木根部
波尔多液	立枯病、叶枯病、赤枯病、叶斑病、叶锈病、白粉病、炭疽病	100 ~ 150 倍液，出苗后每 15 ~ 20d 喷雾一次，连续 2 ~ 3 次
石灰硫黄合剂	叶枯病、白粉病、叶锈病、煤污病	0.2 ~ 0.3°Be，出苗后，每周喷雾 1 次，连续 2 ~ 3 次
代森锌	叶枯病、叶斑病、赤枯病、白粉病	60% ~ 75% 可湿性粉剂 500 ~ 1000 倍液，雨季前每 10 ~ 15d 喷洒 1 次，连续 2 ~ 3 次
福尔马林	立枯病、煤烟病	200 倍液，出苗后每周喷雾一次，连续 2 ~ 3 次
多菌灵（50% 可湿性粉剂）	叶枯病、炭疽病、叶斑病、赤枯病、白粉病	300 ~ 400 倍液，10 ~ 15d 喷洒 1 次，连续 2 ~ 3 次
托布津（50% 可湿性粉剂）	白粉病、炭疽病、立枯病、苗核性根腐病	800 ~ 1000 倍液，10 ~ 15d 喷洒 1 次，连续 2 ~ 3 次
敌克松（70% 可湿性粉剂）	立枯病、菌核性根腐病、炭疽病、梢腐病	500 ~ 800 倍液，10 ~ 15d 喷洒 1 次，连续 2 ~ 3 次
退菌特（50% 可湿性粉剂）	炭疽病、白粉病、赤枯病、叶斑病、立枯病	800 ~ 1000 倍液，10 ~ 15d 喷洒 1 次，连续 2 ~ 3 次
敌百虫（50% 可湿性粉剂）	地下害虫、食叶害虫	按 1:100 的比例与麦麸或米糠制成毒饵，于傍晚诱杀，500 倍液喷雾
敌敌畏（50% 乳剂）	地下害虫、食叶害虫、介壳虫	500 ~ 800 倍液喷雾在苗行间；1000 ~ 1500 倍液喷雾
Bt 生物杀虫剂	食叶害虫、蚜虫	500 ~ 800 倍液喷雾在苗行间；1000 ~ 1500 倍液喷雾

（续）

名　称	防治对象	用　法
马拉硫磷（50%乳油）	食叶害虫、蚜虫	500～1500 倍液喷雾；1000～2000 倍液喷雾
杀螟松（50%乳油）	食叶害虫	1000～2000 倍液喷雾
辛硫磷（50%乳油）	地下害虫、蚜虫、食叶害虫	制成毒土施入土壤中，表面覆土；800～1000 倍液在傍晚喷雾
磷　胺	蚜虫、介壳虫	1000 倍液喷雾、根际浇灌；5～20 倍液涂干
氯氰菊酯（8%微胶囊水悬剂）	蛀干（刺吸）害虫	300～400 倍树干喷雾

五、思考题

1. 简述波尔多液的配制方法及操作过程。
2. 思考还有哪些防治幼苗立枯病的有效方法？

Ⅲ 栽植养护

实验 1 树体结构与枝芽特性观察

一、目的

认识树体外部器官的形态结构和枝芽种类与特性，为树木的栽培管理技术措施提供依据。明确树体结构与各部分的名称，熟悉和掌握主要园林树种的枝芽类型与特点。

二、材料与用具

（1）材料：海南五针松、雪松、广玉兰、苦楝、石楠、碧桃、梅花、桂花、蜡梅、悬铃木、香樟、女贞等。

（2）用具：钢卷尺、放大镜等。

三、实验内容与操作方法

（一）地上部分的基本结构

（1）主干：地面至第一主枝之间部分。

（2）中心干：树冠中垂直地面的主干延长部分。

（3）主枝：由中心干直接分生出来的永久性枝条。

（4）副主枝：由主枝直接分生出来的永久性枝条。

（5）侧枝：从主枝、副主枝分生的枝条。

（6）枝组：自侧枝分生的许多小枝所形成的枝群称枝组或侧枝群。

（7）骨干枝：组成树冠骨架的永久性枝的统称，如中心干、主枝、较大侧枝等。

（8）延长枝：各级骨干枝先端的延长部分。

（二）枝条的类型

树木栽培上应用的枝条类型名称很多，且因不同树种而异。

1. 按抽生季节分类

可分为春梢、夏梢、秋梢和冬梢。有的树种只有春梢，如马尾松；有的树种不但有春梢、夏梢，而且有秋梢，如山茶科的一些树种；有的树种4种兼有，如柑橘、枇杷等。

2. 按枝条的年龄分类

可分为新梢、一年生枝、二年生枝等。

（1）新梢：落叶以前的当年生枝称为新梢。

（2）一年生枝：落叶以后到萌芽以前的枝条称为一年生枝。

（3）二年生枝：一年生枝萌发新梢以后称为二年生枝。

（4）多年生枝：生长满3年或3年以上的枝条统称多年枝条。

3. 按一年中抽生的连续次数分类

可分为一次枝、二次枝、三次枝等。二次枝以上的枝条统称副梢。

4. 按枝条的不同性质分类

可分为生长枝、结果枝（开花枝）、结果母枝（开花母枝）等。

（1）生长枝：又称营养枝、发育枝。因其生长势和充实程度不同，可分为普通生长枝、徒长枝、细弱枝和叶丛枝等。根据生长枝的长度不同又可分为长、中、短3类。有些树木的枝条，如水杉、池杉、毛竹等的小枝可随叶片一同脱落，称为脱落性枝。

徒长枝　树冠内萌发出来的垂直生长的枝条。生长快，节间长，组织不充实，多由潜伏芽萌发生成。

叶丛枝　节间短，叶片密集，常成莲座状的短枝。

（2）结果枝（开花枝）：着生花芽的枝条。依其年龄可分为：一年生结果枝，如柑橘、芙蓉、紫薇等，在当年抽生的枝梢上开花结果；二年生结果枝，如碧桃、玉兰等，在去年生枝条上开花结果；多年生结果枝，如紫荆、杨桃等，为老干直接开花结果。依结果枝长短可分为长果枝、中果枝、短果枝、花簇状结果枝及果台等。

（3）结果母枝（开花母枝）：在枝条上能抽生结果（开花）枝者。不同树木形成结果枝的枝条不同，如柑橘类有的以春梢为主要结果母枝，有的则以夏、秋梢为主要结果母枝。

观察树冠形态结构时应注意枝条生长的极性、分枝级数、树冠的层性，并因这些特性而构成的不同树冠形态。

（三）芽的类别与形态

1. 按芽的发生位置分类

可分为定芽包括顶芽、腋芽和不定芽（其他非节位或根上发生的芽）。

2. 按芽的性质分类

（1）叶芽：萌发枝叶的芽。

（2）纯花芽：一个芽内只有花器，如核果类的桃等。

（3）混合芽：一个芽内包括枝、叶和花，如仁果类、柑橘、柿树、石楠等。

3. 按同一叶腋所生芽的数量分类

（1）单芽：一个叶腋仅着生一个明显的芽，如悬铃木、仁果类、枇杷等。

（2）复芽：在同一叶腋内具有 2 个或 2 个以上明显的芽，如桃、李等。复芽按其着生（排列）方式可分为并生芽（如桃、李等）、叠生芽（如桂花）等。

4. 按芽有无鳞片分类

（1）被芽：大部分落叶阔叶树的芽，外被鳞片保护以便越冬。

（2）裸芽：常绿阔叶树和某些落叶阔叶树的夏芽，不具鳞片或鳞片很小。

5. 按芽能否按时萌发分类

可分为活动芽、休眠芽、隐芽（潜伏芽）和盲芽。

（四）枝芽的生长特性

（1）顶端优势：位于枝条顶端的芽或枝条，萌芽力和生长势最强，而向下依次减弱的现象，称为顶端优势。枝条越是直立，顶端优势越明显。水平或下垂的枝条，由于极性的变化，顶端优势减弱，被极性部位所取代。

（2）芽的异质性：在一个枝条上，芽的大小和饱满程度有很大的差别，称为芽的异质性。在一个正常生长的营养枝上，一般基部芽的质量差，中上部芽的质量好，而近顶端的几个芽的质量也较差。在有春、秋梢生长的枝条上，除有上述规律外，在春秋梢交界处，节部芽极小，质量很差，甚至无芽，称为盲节。

（3）芽的早熟性：树木的芽形成的当年即能萌发的特性称为芽的早熟性，具有早熟性芽的树种或品种一般萌发率高、成枝力强，花芽形成快、结果早。

（4）萌芽和成枝力：以百分数表示一年生枝条上芽的萌发数量称为萌芽率。萌发的芽能抽生 15cm 以上枝的能力称为成枝力。

（5）层性：在树冠的中心干上，主枝分布的成层现象称为层性。不同的树种或不同的品种，由于顶端优势强弱、萌芽率和成枝力的不同，层性的明显程度有很大差异。

（6）分枝角度：枝条抽生后与其着生枝条间的夹角称为分枝角。由于树种、品种不同，分枝角常有很大差异。

（7）分枝方式：总状（单轴）分枝、合轴分枝、假二叉分枝、多歧式分枝。

四、作业

通过对有关树种的观察说明各自枝芽的主要异同点，并举例说明每一树种的 1～2 个应用特点及其修剪关键，并填写观察记载表Ⅲ-1。

五、思考题

1. 怎样判断树木的分枝方式？

2. 树木的枝芽特性与树形之间有何关系？

表Ⅲ-1　树木枝芽特性观察记载表

特征\树种	干性		层性		分枝方式		芽的异质性		芽的数量与排列		芽的早熟性	芽的潜伏性	萌芽率与成枝力							备注
													幼　年			成　年				
	幼年	成年	幼年	成年	幼年	成年	饱满芽部位	芽的性质	数量	排列方式			总芽数	萌芽数	萌芽率（%）	总芽数	萌芽数	萌芽率（%）	长枝数	成枝力	

实验2　园林树木生长、分枝、结果及树形演变调查

一、目的

了解树木生命周期中生长、分枝、结果的习性是掌握树形演变、生长速度（高度、直径及冠幅增长）变化的主要方法，也是制定栽培技术措施的主要依据。

通过实习要求了解不同年龄时期乔木树种的分枝方式及其转变，干性强弱，主侧枝配置与树形的关系，以及外界因子对树形的影响。初步掌握乔木树种生命周期中生长、分枝、结果习性的调查方法。

二、材料与用具

（1）材料：生命周期以总状分枝方式为主，树形变化丰富的常绿树，如雪松、马尾松及海南五针松等。生命周期中由于开花结实（或自剪）引起的树木由总状分枝向合轴或假二叉等分枝方式转变，树形也随之变化的树种，如栾树、悬铃木、女贞等。由于不同生长条件，如光、风等因子的影响而形成不同树形的植株。

（2）用具：皮尺、钢卷尺、测高器、量角器（自备）、铅笔（自备）、架梯、方格纸等。

三、实习内容与操作方法

1. 马尾松

（1）孤立或基本散生的植株：

① 一、二年生幼苗的高度，顶芽、侧芽数量与形态描述。

② 3 年以上幼树逐年树高生长、冠幅生长（4 个方向的最大枝展）、每轮主枝数、主枝上的副主枝数、主枝及副主枝的分枝角度、着生方式、树形及干性等的观测与描述。

③ 成年植株的树龄、树高、分枝层数及各层分枝角度、分枝数量、层间距、最大冠幅（4 个方面）逐年生长量、主枝上各轮副主枝着生方式与方向、截顶高度与年龄、结实部位、盛果年龄、干性的观测与描述。

（2）成年林木：成年林木的树高、枝下高、年龄、冠幅、层数、层间距、截顶高度与年龄、结实部位与年龄观测（最大冠幅不一定是最下层枝展，但早年的冠幅生长可实测下层枝展或幼枝枝展）。

2. 栾树

（1）孤立或基本散生的植株：

① 幼小植株的分枝方式、树形、干性。

② 成年植株年龄的初步判断，主干高、树高、树形、始果年龄、花序（果序）类型、着生部位及其对树形影响，分枝方式与干性的变化。

（2）成年林木：林木（包括幼树与成年树）调查项目同（1）。

3. 操作

（1）观察楼房侧方遮阴下的树形变化。

（2）调查老树冠内徒长枝或受伤萌条分枝方式及转变速度等情况，潜伏芽的寿命与更新能力等。

四、作业

1. 分类计算马尾松的调查结果，按适当比例绘制树形变化示意图［纵断面示高度、冠幅、层数、年龄分枝角（主枝）］，并填写表Ⅲ-2，说明生命周期中依年龄增长，各调查项的变化及其树形演变的规律与原因。

2. 绘制马尾松树高生长与冠幅生长过程图，说明其从幼年到中老年增长速度的变化规律。

3. 简述栾树分枝方式及树形变化的规律与原因。

五、思考题

1. 在整个生命周期中，树木的生长、分枝、结果有何规律？

2. 树木生长、分枝、结果等习性与树形演变有何联系？

表Ⅲ-2　园林树木生长、分枝、结果及树形演变调查表

地点：_____　　地形：_____　　坡度：_____　　坡向：_____

树种：_____　　年龄：_____　　树高：_____ m　胸径：_____ cm

主干高：_____ m　冠幅：_____ cm　其他情况：_____

测定值轮次＼项目	中心干生长（cm）			冠幅生长（cm）		主枝生长				副主枝生长				备注
	高生长	直径生长		行间	株间	总生长量（cm）		分枝角（°）		总生长量（cm）		分枝角（°）		
		行间	株间			行间	株间	行间	株间	1	2	1	2	
														始结果的轮次： 主枝_____ 副主枝_____ 始截顶轮次： _____

实验3　街道绿地环境对树木生长的影响

一、目的

通过宽窄、走向不同的街道绿地与树木生长状况的调查，分析了解城区街道的小气候特点与道路规划、地面铺装、建筑组成、墙面结构及其相对位置的关系，了解土壤排水状况、pH值变化及其他环境因子对树木生长的影响，为街道绿地的适地适树与抚育管理提供依据。

二、材料与用具

（1）材料：选择一段街道绿地及其定植的树木作为调查对象。

（2）用具：通风干湿温度计、数字温度计（点温计）、小风速仪、指北针、测高器、皮尺、测径尺、pH值测定用品、小锹或土钻等。

三、实习内容与操作方法

本实习以分车绿带（岛）及与之对应的两侧绿地为观测对象进行观测。

1. 主要小气候因子的测定

（1）温度与湿度测定：测定点设在每一绿岛的中心，用通风干湿温度计测定。仪器高 1.5m，轮流两次读数后求平均值。

（2）植物表面温度测定：在绿岛中心两侧相应植物表面，用数字温度计测温，重复两次读数取其平均值。测定中注意仪器感应部分要避免阳光直射。

（3）风向与风速测定：利用小风速仪在绿岛中心 1.5m 高处测定风向与风速。

2. 分树种测定树木的生长状况

（1）树高测定：去年主干延长梢长度（高大乔木可免测）或优势枝新梢长度测定。

（2）胸径测定：多干者可测优势干的胸径。

（3）冠幅测定：测定纵横两个方向的最大枝展平均值。灌木则测纵横两个方面的蓬径平均值。

① 配置方式　分篱植、行植、丛植、孤植或单行混植等进行记载。

② 叶色异常情况　叶色异常情况分全株或局部的老叶或嫩叶等进行记载。

③ 庇荫及日灼状况

庇荫　有无上方与侧方遮阴，如有侧方遮阴应注意遮阴方向。

日灼　记载有无日灼，如有日灼应调查其详细情况。

树干灼伤应调查皮灼方向、起止高度与宽度；出现叶焦应调查植株叶枯等级（叶枯率小于 20% 为轻，20%～40% 为中，40%～60% 为重，大于 60% 为极重）；出现枝枯应调查枝枯状况并按叶枯率的标准分别记载植株新梢危害等级、方向与部位。

④ 病虫及其他异常状况记载　分病虫种类及其他异常状况、危害程度等进行记载。

⑤ 生长势综合评定　按上、中、下、劣 4 级评定。

3. 土壤 pH 值及其异常情况调查

每个绿岛及其对应侧在有代表性的地段或植穴附近测定 20cm 深处的 pH 值。若同一绿岛或地段相邻树种或植株的枝叶颜色差异明显，则应分别就近测定土壤的 pH 值、渍水状况或其他异常情况，同时测定相应植株（或树种）的生长状况。

4. 土建状况调查

该调查最好能绘图标定。

（1）街道的情况：街道宽度（包括人行道），绿岛宽度、长度及其离路的距离，街道铺装的种类（水泥、沥青或砖石组合式等）；

（2）街道两侧建筑物的情况：最近的建筑类型（如平房、楼房、围墙或无建筑物等）、颜色等。有建筑物者还应测定建筑物的高度、长度、离绿岛的距离。

四、作业

1. 设计一套街道绿地调查表格。

2. 整理调查资料。

3. 写一篇2000~3000字的调查报告或论文，题目可以自定。调查报告或论文可分以下内容：

（1）引言：说明调查研究的目的与意义。

（2）调查研究的内容与方法。

（3）调查研究的结果与分析。

（4）结论与建议。

（5）附街道绿地的树种名录。

五、思考题

1. 道路规划、地面铺装、建筑组成、墙面结构及其相对位置对街道树木生长有何影响？

2. 街道土壤、小气候对树木生长有何影响？

实验4　园林树木的适地适树调查

一、目的

通过不同立地条件、同一树种的生长差异和同一立地条件下不同树种的生长差异调查，了解不同树种的生态学特性，加深对生物与环境统一观点的理解，掌握园林树木栽培中适地适树调查的基本方法。

二、材料与用具

（1）材料：环境条件呈梯度变化的地段或线路上（如华中农业大学校园内南湖浅滩、湖滩、狮子山及其南北平地）生长的树木。

（2）用具：山锄或土钻、pH测试用品、测高器、围径卷尺、生长锥、皮尺、钢卷尺等。

三、实习内容与操作方法

（一）选择合适线路

调查路线应通过不同的立地条件，并具多样化的树种。从立地条件看应以地形地势为基础，并注意土壤及水分状况的变化，即按平地→山脊、干旱→水湿、土层深厚→土层瘠薄顺序调查。如华中农业大学本次实习可从南湖浅滩开始，途径湖滩、丘麓坡地至丘脊，再进入南坡和校园。

（二）在每一有代表性的地面进行分析与记载

1. 立地条件

（1）地形特征：地势、坡位、坡向、坡度及其他特殊立地（如人工山水等）记载。

（2）土壤条件：土层厚度、土壤质地、pH 值、含石量、地面侵蚀及新生体、侵入体状况等。土壤厚度小于 30cm 为薄层土，30~50cm 为中层土，大于 50cm 为厚层土；石砾含量小于 10% 为少砾质，10%~30% 为多砾质，大于 30% 为粗骨土。

（3）水分条件：地下水位、地面积水及土壤水分状况等。土壤水分状况可分为干旱、潮润、潮湿、水湿 4 级。

（4）植被状况：植物种类特别是指示种的生长状况及盖度等。

（5）污染状况：污染物类型及种类、污染来源及危害状况等。

2. 树木生长发育情况

在每一有代表性的地段选 3~5 株有代表性的植株，测定其年龄、树高、枝下高、冠幅等，评定其生长发育等级及其他异常状况。

（1）树木生长势分级：

优——顶端优势明显，生长健壮；

良——顶端优势较明显，生长一般；

中——顶端优势不明显，枯梢或未老先衰；

差——濒于死亡。

（2）树木发育，即开花结果分级：

多——树冠中重要枝条结实多且分布均匀；

中——结实不甚密集，且分布不太均匀；

少——结实稀疏，结实的重要枝条不到树冠的 1/3；

无——无果或偶尔挂果。

（3）坡地调查上、中、下坡同龄、同种树木的生长发育情况，并记载树下更新与演替的树种名称及生长发育情况。

四、作业

1. 列出不同条件下（如华中农业大学狮子山附近浅滩、湖滩、丘麓、坡地、丘脊等）的树种名录，并提出各自相适应的树种；提出较典型的耐水、耐湿、中生、耐旱及广谱性树种。

2. 提出群植或林植情况下的下层适生树种的名录。

五、思考题

1. 在园林树木选择配置中，如何做到适地适树？

2. 要使园林绿地的植物群落稳定，从植物的需光性方面考虑应如何配置？

实验5　园林树木栽培现状分析

一、目的

选择绿化栽培具有一定历史的校园或工矿企业进行园林树木栽培现状分析。如华中农业大学是1957年迁至现址，在一片荒丘和茅草地上建立起来的，经过数十年的努力，在园林树木栽培各方面有许多经验可借鉴，也有许多教训可以吸取。本实习通过对校园园林树木栽培现状的分析，不但可以巩固加深学生的理论学习，而且可以培养学生解决实际问题的能力。

二、材料与用具

（1）材料：校园内已定植的各种树木及其有关现场。
（2）用具：锄、斧、橡皮锤、探条、记录用品等。

三、实习内容与操作方法

（一）树种选择的观察与分析

（1）行道树选择及其多样性。
（2）绿篱树种的选择及其多样性。
（3）其他造园树种的选择及其多样性。

（二）树木的整形修剪

1. 行道树的整形修剪
（1）行道树的基本整形。
（2）行道树疏枝与去萌，其中包括主枝密度，主干萌条的处理，锯口位置、大小、形状与伤口平滑程度，留桩长短及枯桩的处理等。
（3）去冠修剪与回缩：留枝多少，方位及其与日灼的关系；回缩位置，留枝要求，锯口形状等。
（4）树木与空中管线关系的处理：去顶修剪、侧方修剪、下方修剪、隧道修剪等。
（5）去头栽植截口位置与发枝的关系，日灼的防治等。
（6）棕榈栽植时叶片修剪过度对主干生长的影响。
2. 主要造园树种的整形修剪
（1）广玉兰、碧桃、紫叶李、桂花、梅花的整形修剪：包括基本树形、修剪现状。
（2）垂枝类树木的整形修剪：包括龙爪槐、垂枝榆、垂枝碧桃等。
（3）雪松、龙柏的基本树形及过密主枝和扰乱树形枝条的处理。
（4）绿篱的整形修剪：包括绿篱高度、断面形状与老绿篱的更新修剪及其整体轮廓等。

（5）丛生灌木的修剪：包括蜡梅、夹竹桃及紫薇的修剪与更新，包括老干更新、留干数量及衰老更新等。

（三）树体创伤与树洞的处理

（1）树洞形成的原因与部位。

（2）洞口形状与愈合，正确的整形方法。

（3）树洞的深度，洞内积水的排除。

（四）土建工程对树木生长的影响

（1）地面铺装：铺装材料与透性，树池的大小，铺装的形式等；铺装对树木危害的表现及树木生长对铺装的损害。

（2）地下开挖：地下开挖的方法，不当开挖对树木生长的影响。

（3）建筑垃圾：石灰性垃圾造成树木的黄化、衰老与死亡，土壤侵入树体。

（4）挖方、填方：挖方与填方对树木危害的症状，危害机制，正确的处理方法。

（5）道路或路基：道路或路基对树木生长的影响，树木栽植位置对道路或路基的影响，正确的处理方法。

（6）树坛：树坛的透性，根系的深度及土壤的通透性对树木生长的影响，正确的处理方法。

（五）人为活动与树木生长

（1）生活废水与树木生长：包括积水与水质。

（2）机械刺激对树木的危害：包括刀伤，铁钉及铁丝捆扎的危害等。

（3）厨房废气对桂花花芽形成与开花的影响。

（4）藤本植物对树木生长与形状的干扰。

本次实习由老师与学生结合现场进行讨论与分析。

四、作业

整理实习记录，并对自己体会最深的 2～3 个问题进行深入分析。

五、思考题

1. 地面铺装对树木影响的机理是什么？

2. 树木受到填方危害有何症状表现？

3. 根据实例，思考园林树种选择搭配的重要性。

4. 树洞对树木有何危害？树洞怎样处理？

实验6　围根缩坨与断根复壮

一、目的

通过围根缩坨或开沟截根，利用根系的再生能力，使树木形成紧凑的根系，并发出大量的须根，增加大树移栽时有限范围内根量或促进衰老根系更新复壮，提高大树移栽的成活率或生活力。进一步理解和认识根系生长的习性，掌握根系更新的原理和方法。

二、材料与用具

（1）材料：露地生长的大树。
（2）用具：2m卷尺1个、枝剪1把、手锯1把、铁锹2把、挖锄2把、水桶1个。

三、实习内容与操作方法

1. 围根缩坨

围根缩坨又称回根、盘根或截根。移栽大树，特别是胸径25cm以上的树木应先围根缩坨。

（1）时间：最好在实施移栽前2~3年的春初或秋末（如果时间紧可在早春根系开始活动前和秋末新梢停长后分两次进行，次年春天移栽）。

（2）方法：

① 选定移栽的大树。

② 确定开沟断根的水平位置，落叶树开沟位置离干基的距离为其胸径的5倍，常绿树为4倍。

③ 以5倍或4倍胸径为半径，以干基中心为圆心划圆。

④ 将圆周四或六等分。

⑤ 第一年在相对的二等分或三等分弧外侧开沟，次年在剩余的二等分或三等分弧外侧开沟。

⑥ 沟内露根用锹（剪、锯）截断并与内壁相平，要求伤口平滑无撕裂（有条件可涂防腐剂或喷生长素，促根生长）。

⑦ 打碎挖出的土壤，并排除其中的杂物拌入腐叶土、有机肥或化肥后分层回填踏实，至平地面前，浇一次透水。水渗完后回填全部挖出的松土。

2. 断根复壮

对于某些衰老的乔木或灌木，为了促进其根系更新和整体复壮可采取开沟断根的方法刺激根系再生。根系的复壮是树木整体复壮的基础，开沟断根并改善地下环境对根系复壮有良好的作用。

（1）时间：春末或秋初两次生长高峰到来前进行一次，一年以后进行第二次。

（2）方法：

① 选定开沟断根的树木。植株应是生长衰弱或已经衰老的树木。

② 开沟断根的位置，不像围根缩坨要求严格，但一般不能小于围根缩坨的范围。如果要刺激大一点，可在树木干径4～5倍的地方；如果要刺激小一点，可远一些。这要根据树龄和树木衰弱的程度而定。

③ 画圆后将圆周分成4～6等分，间隔开沟，截根，去杂，施肥填土浇水，与围根缩坨相同。在一定意义上说，改善水肥更重要。

④ 地上部分的修剪最好在开沟前进行。应剔除老弱病虫枯死枝，疏除过密枝，回缩骨干枝。

四、思考题

对园林树木进行围根缩坨或断根复壮，一般宜选择什么季节，为什么？

实验7　园林树木栽植

一、目的

树木的栽植技术直接影响其栽培成活率和栽植后的生长发育，因此学会植树施工过程和栽植技术是十分重要的。通过实习，要求基本掌握树木栽植的技术要领，了解和熟悉提高栽植成活率的关键技术。

二、材料与用具

（1）材料：各种待移栽树木。

（2）用具：铁锹、挖锄、枝剪、手锯、钢卷尺、皮尺、指南针及适合的运输工具与包装物品。

三、实习内容与操作方法

（一）栽植前的准备

1. 了解设计意图与工程概况

（1）向设计人员了解设计思想，预期目的或要求及近期目标等。

（2）工程范围与分工程量。包括每个工程项目的范围与工程量，如植树、草坪、花坛的数量与质量要求以及相应园林设施工程（土方、给水、排水、道路、灯、椅、山石等）任务。

（3）工程的施工期限与进度。

（4）工程投资。

（5）施工现场的地上、地下情况。

（6）定点放线的依据，如水准点、导线点或某些固定的地形、地物等。

（7）工程材料的来源和运输条件，特别是栽植材料的起挖地点、时间、质量和规格要求。

2. 现场踏勘与调查

（1）各种地物（如房屋、原有树木、市政和农田设施等）的去留与处理。

（2）现场内外的交通状况与补救措施。

（3）水源、电源及施工期间的生活设施。

（4）土壤状况，是否需要换土，并估算客土量与客土来源。

3. 施工现场的清理

将施工现场的碎石、瓦砾堆、灌木丛及其他障碍物清除干净，为顺利移栽树木创造条件。

4. 栽植材料的落实与选择

关于栽植的树种、年龄与规格等应根据设计要求选定，并在栽植施工前对材料来源、繁殖方式与质量状况进行认真的调查。高质量的栽植材料应具备如下条件。

（1）生长旺盛，木质化程度高，抗性强。

（2）根系发达，主根短直，根颈附近有较多的侧根和须根，冠根比（T/R）适当，大根无劈裂。

（3）树木茁壮无病虫害和机械损伤。

（4）树冠丰满匀称，侧根分布均匀。常绿针叶树下部枝叶不枯落，无明显裸干。单轴分枝的树种，中央领导干有明显优势，顶芽发达。

（二）栽植施工的工序与技术

1. 定点放线

根据设计所规定的基线、基点等进行放线，利用纵、横坐标、三角控制网或道路中心线等进行定点。

（1）行道树定点放线：一般以路牙或道路中心线为依据定点。先用皮尺或测绳定出行位，再按设计规定确定株距和每株树木的位置并进行标记。定点放线时乔木树种干基至少离路牙1.0m，灌木树种至少0.5m。如遇电杆、管道、涵洞、变压器等物应错开位置。行道树距电杆至少2m，距收水井等至少1.5m，在规定变动范围内仍有妨碍者，则可不栽。

（2）公园绿地定点：可用仪器或皮尺进行。定点时先标明公园绿地的边界、道路、建筑物等位置，然后以此为依据定点，确定树木的栽植位置。

对于孤植树，装饰性树群要用仪器或皮尺定点，用木桩标出每株树的位置，并写明栽植的树种和坑的规格；对于自然式丛植要用石灰圈出其范围，圈内钉上木桩，写明树种、栽植数量和坑的大小，然后用目测法标明单株位置。用目测定单株点时，必须注意如下几点：

① 树种、数量要符合设计要求；

② 树种配置要注意层次，宜中心高边缘低或呈由高渐低倾斜的林冠线；

③ 树丛配置要自然，切忌呆板、整齐划一，邻近植株不要定成机械的几何图形或直线。

2. 挖穴或抽槽

（1）穴槽位置：穴以定点的木桩或灰点为圆心，按规定尺寸画圆圈挖至设计深度与大小；槽的位置应按设计宽度的要求画出两根平行边线，在线内挖至设计深度。

（2）穴或槽的直径（或宽度）与深度：应根据根系或土球大小及土质情况而定。穴径可比规定根系或土球规格大 20～40cm 或 1/3。具体规定见表Ⅲ-3，表Ⅲ-4。如果土质不好应适当加大规格。

表Ⅲ-3 乔、灌木植穴的规格

乔木胸径（cm）			3～5	5～7	7～10	
灌木高度（m）		1.2～1.5	1.5～1.8	1.8～2.0	2.0～2.5	
常绿树高度（m）	1.0～1.2	1.2～1.5	1.5～2.0	2.0～2.5	2.5～3.0	3.0～3.5
穴径×穴深（cm×cm）	50×30	60×40	70×50	80×60	100×70	120×80

表Ⅲ-4 绿篱抽槽规格

绿篱高（m）	抽槽规格（宽×深）（cm×cm）	
	单行式	双行式
1.0～1.2	50×30	80×40
1.2～1.5	60×40	100×40
1.5～2.0	100×40	120×50

（3）穴或槽的质量：穴或槽壁应上下垂直，不应成锅底形或 U 形；肥沃的表土和贫瘠的底土应分开集中堆置，并拣除石块杂物。

（4）斜坡上挖穴（抽槽）应先筑平台，再在其上挖穴。穴的深度应从下沿口开始计算。

（5）挖穴时发现电缆、管道等应停止操作，及时找有关部门共同解决。

（6）成片绿地的栽植穴应提前 2～3d 挖掘，行道树或行人经常来往的地方应随挖穴随栽植。

3. 苗（树）木的起挖与包装

（1）挖掘前的准备：首先按计划选择并标记中选的苗（树）木，其数量应留有余地。对于分枝较低、枝条较长且较为柔软的苗（树）木或丛径较大的灌木，用 1.5cm 的草绳将粗枝向树干绑缚，并用几道横箍收拢分层捆住树冠，并纵向将横箍联结起来，以便操作与运输；对于分枝较高、树干裸露、皮薄光滑、对光照与温度较为敏感的树木，应在主干高处的北面用"N"标明方向。

如果起苗时土壤过于干燥，应在操作前 3d 浇一次透水，待不沾锹时起挖。

（2）苗（树）木根系或土球挖掘的规格：

① 干径不超过 8cm 或 10cm 的多数落叶树种都可裸根栽植，其挖掘的根系大小为胸

径的 8 ~ 12 倍。

② 一般常绿树和直径超过 8cm 或 10cm 的落叶树应带土球栽植，其挖掘的土球大小为胸径的 6 ~ 10 倍或为树高 1/3（黄杨的土球可为树高的 1/2）。

③ 灌木树种可按灌丛高度确定其挖掘根系的大小。

至于根系或土球的深度，应挖至根系密集层以下。

（3）苗（树）木挖掘：

① 裸根挖掘　开始挖掘时，先从干基开始以树胸径的 3 ~ 5 倍为半径画圆，于圆外绕树起挖，垂直挖至根系密集层以下切断所有侧根。然后于一侧向内掏挖到一定程度后适当摇动树干找出深层粗根的位置，并将其切（锯）断。放倒树木，轻轻除掉根际土壤，修剪劈裂或病伤虫根，保湿待运。

② 带土挖掘　先铲除干基附近的浮土，从树木干基开始以其胸长的 2 ~ 4 倍绕干画圆，在圆外垂直向下挖至其根系密集层以下，并从周围向中心掏底，放倒树木，在挖的过程中随时用利器切断根系并修整土球。如果土球直径超过 50cm，应在土球中心留 15cm 左右的土柱以利打包。

（4）保湿与包装：

① 裸根苗如不能及时运走，应在原穴用湿土盖根进行临时假植，如较长时间不能运走，应集中假植护根。此外还可浆根和用蒲包等进行包装。

② 带土苗多用草绳或蒲包包装，包装前应将蒲包用水浸湿以增强其强度。直径 50cm 以下的土球，先在坑外铺一大小合适的蒲包，抱出土球轻放在蒲包中心，向干基收拢蒲包，捆牢并纵向打几道花箍，也可单独用草绳打箍包装。

直径在 50cm 以上的土球，多于土球底部中心留土柱在坑内打包，包好后切底放倒树木（具体包装方法见配套教材《园林树木栽植养护学》中的"大树移栽"内容）。

纵向草绳捆扎方法是先用草绳在树干基部系紧，然后沿土球与垂直方向稍成斜角（约 30°）捆草绳，草绳随拉随用，同时用木槌或砖块敲打草绳使草绳稍嵌入土，防止滑脱。每两道草绳间相隔约 8cm，可视土球大小分为"单股单轴""单股双轴"及"双股双轴"3 种方法。

4. 换土、施肥

（1）凡栽植穴内土壤理化性质对树木生长有害者应更换好土，并堆置在穴旁，不能与坏土混放在一起。

（2）肥力条件较差的土壤最好能施用适量的腐熟有机肥并与土壤拌匀铺入穴底，然后上面再覆盖 10cm 厚的素土略成小土丘。

（3）在栽植前若久旱不雨、土壤干燥，应在挖穴以后、施肥前浸坑，即在穴内灌相当于穴深 2/3 的水，并注意防止穴内漏水。

5. 装车、运苗、卸车、假植

苗（树）木装、运、卸和假植中要保护根系与土球，不折伤树木主梢、主枝等，不擦伤树皮。卸车后不能立即栽植者应及时假植保湿。

（1）尽量缩短从起苗到栽植的时间，长途运输应有人押运保湿。

（2）装运裸根苗，根系向前、树梢向后顺序码齐，车厢后部应垫草包或蒲包防止车厢板擦伤树皮，并注意树梢不拖地。装好后垫上蒲包，用绳捆牢，避免摇晃摩擦勒伤树皮。

（3）装运高 2m 以下的土球苗，可直立排放；高 2m 以上者应土球向前、树梢朝后斜排放稳挤紧。土球码放不要过高，高 40cm 以下的土球苗最多不要超过 3 层；高 40cm 以上者最多不超过两层。运输中注意保护树皮、树枝和土球。

（4）苗（树）木运到栽植地应从上往下卸车，避免乱抽乱推。卸高 50cm 以下的土球，可抱土球直接搬下，不应只提树干；卸高 50cm 以上土球应打开车厢板，搭木板或多根笔直木杠等，让土球缓缓滑下。

（5）苗（树）木运到后不能立即栽植者应及时假植或覆盖洒水保湿。

6. 修剪

（1）大乔木应在栽植前修剪，3m 以下无明显主梢的乔木或灌木为了保证栽后高矮有致，可在栽后修剪。

（2）枝系的修剪主要是剪除伤残枝、过密枝、交叉枝以及扰乱树形的枝条、竞争枝等。注意根据树种习性、枝芽特性等合理修剪。

（3）裸根苗（树）木栽前应对根系进行修剪。注意剪齐断裂根，疏去过密、病虫根，剪短过长根。

（4）苗（树）木修剪中注意根冠平衡以有利于伤口愈合、发芽生根。

7. 栽植

（1）栽前再次核对与检查栽植树种（或品种）规格及栽植位置是否符合设计要求。检查穴的深度与大小是否与根系或土球规格一致，否则应采取补救措施。

（2）栽植时除特殊造景需要外，植株不得歪斜，应保持主干垂直。

（3）栽植深度要适宜，先回填表土，再填底土。

（4）裸根栽植时应在回填一半左右时轻轻提抖植株，使根系舒展、深浅合适，再从外向内，边回土边踩实，直至地平。

（5）带土苗根据土球高度调节穴底土层厚度踩实后，尽量提草绳入穴，进一步调整深浅、方向和位置，扶正。若包装物不多可不解包回土，从外向内踩实；若包装物过多应剪开尽量取出再踩实。

（6）行道树或其他列植树应注意高矮和行内整齐成线。

（7）回土时要用湿润细土，捡除石块、瓦渣、树根等杂物，踩实，不留气袋。

（8）树体较大易遭风摇的树木，栽后应设立支架。

（9）苗（树）木栽好后，在栽植穴外缘，筑 15cm 的土埂，围成灌水的地埝。

8. 灌水封埝

苗木栽植后最好能浇一次定根水，若天晴无雨，24h 内必须浇一次水，且要浇透。北方干旱地区，缺雨季节栽植，10d 以内，必须连灌 3 次水。浇第三次水待水分下渗后封埝，培土呈馒头形，表土要疏松，可保水护根，防积水。

四、思考题

1. 影响园林树木栽植成活的关键因素是什么？
2. 如何提高园林树木栽植的成活率？

实验8　新栽树木成活、生长及死亡原因调查

一、目的

树木定植后的 1～2 年是其成活阶段，是新栽树木恢复生长和扩大根系与土壤接触的阶段。研究这一阶段的目的，主要是探索新栽树木成活与立地条件及栽培技术的关系，总结树木栽植的经验与教训，为提高栽植成活率提供参考。实习过程中，要求学生初步掌握树木成活、生长与死亡原因的调查方法与技术。

二、材料与用具

（1）材料：新栽并经过一个生长季的各种树木。
（2）用具：测高用具、直径卷尺、钢卷尺、锄或锹等。

三、实习内容与操作方法

1. 树木成活及生长情况调查

根据定植量的大小，可采用全面调查或系统抽样的方法进行。如果栽植的株数较少，应逐株进行调查；若为成片栽植的风景林，可按栽植株数的 2%～5% 抽样调查；防护林或行道树，可等距分段调查，调查结果应力求符合客观实际。

（1）测定植株的全高和主干延长梢的生长量。
（2）对调查植株进行生长评定，可分为 3 级：
①健全苗　叶色正常，生长量大，顶芽发育完善；
②可疑苗　叶色不正常，呈凋萎状态，顶芽发育差或植株受损严重；
③死亡或缺株。

2. 植株死亡原因调查分析

对于死亡的植株应仔细检查并挖掘其根系，测定植株的胸径或离根颈 30cm 高处的直径；测定土球直径或根幅，查明死亡的原因。

树木栽植成活率不高或植株死亡的原因，一般为苗（树）木质量、栽培技术、自然灾害和人为破坏等方面，其中又以前两个方面为主。

（1）苗（树）木质量：栽植的植株弱小、低劣，栽植中失水过多，根系太小，木质化程度低等。

（2）栽培技术：起挖时的根幅或土球太小、假土球、植穴质量差，栽植过深或过浅，回填土壤石渣瓦砾过多，根土密接差或留有气袋（吊空），根颈损伤，覆土不良，补偿

修剪不当等。

（3）自然灾害：干旱、低温、日灼、风害、植穴渍水及病虫鸟兽危害等。

（4）人为破坏。

3. 栽植成活率的计算与评定

（1）成活率的计算：

$$成活率 = \frac{健全株数 + \frac{1}{2}可疑植株}{调查总株数} \times 100\%$$

$$可疑率 = \frac{可疑植株}{健全株数 + 可疑植株} \times 100\%$$

（2）栽植成活率的评定标准：一等成活率85%以上；二等成活率41%～84%；三等成活率40%以下。

要根据评定结果总结经验教训，对各项技术措施进行客观的评价。一般成活率在85%以上且分布均匀或不影响其造景效果，可不补植；若成活率低于40%，则要重新设计与栽植。

4. 其他

调查同时还应记载地面状况（植被、裸地、铺装等）、土壤和栽植的历史状况等。

新栽树木成活及生长状况调查结果填入表III-5。

表III-5 新栽树木成活及生长状况调查

地点：_____ 栽植的主要树种：_____

栽植时间：_____ 调查时间：_____ 绿地种类：_____

配置方式：_____ 立地概述：_____

种植点号	树种	生长情况			胸（地）径（cm）	树高（m）	生长量（cm）	受害情况	备注
		健全	可疑	死亡					

四、作业

1. 整理与计算调查结果。

2. 完成树木栽植成活与死亡原因调查报告。

五、思考题

新栽树木死亡的主要原因通常有哪些？

实验 9　树木修剪的基本技术

一、目的

通过本次实践，使学生基本掌握修剪的主要程序、基本方法及注意事项，为各种树木的修剪打下基础。

二、材料与用具

（1）材料：露地生长的各种树木。

（2）用具：枝剪、手锯、宽凿、梯子、绳子及树涂剂等。

三、实习内容与操作方法

本实验采用示范教学的方法完成以下内容。

（一）观察树况

根据修剪目的，仔细观察待剪树木的树形、结构、枝系与叶幕分布、植株的生长势、病虫害及其他受损与受干扰的情况。

（二）修剪的程序与顺序

1. 修剪程序

可概括为"一知二看三截四拿五处理"。

2. 修剪顺序

在修剪过程中，应"从上到下，从内到外，从大到小"，有秩序地进行，以便于照顾全局，按要求进行，且有利于剪落物的清理。

（三）锯大枝与去顶修剪

1. 锯大枝的三锯法

（1）锯预备切口（第一锯）。

（2）锯掉大枝（第二锯）。

（3）锯掉残桩（第三锯）。

（4）伤口修整与涂漆。

应用三锯法锯大枝的核心是避免树皮与木质部撕裂，保证切口光滑，容易愈合。因此，最后一锯应根据"自然目标"修剪法，掌握要领，手握残桩，顺势锯断。如果待锯枝条可以用手或绳索控制住，也可省去第一、第二锯。在街道、公园等人和建筑物密集的地方，锯大枝使其断落时应用两根以上的粗绳控制，缓缓放落，以确保安全。

2. 去顶

同样可应用三锯法，根据去顶要求和强度，最后一锯从某侧枝上方开始，从上至下45°

向下锯去顶中央干上部。但要注意切口不要垂直于中干长轴，切面与中干的夹角也不应太小，否则会发生心腐或严重削弱邻近保留的侧枝的生长势，甚至使其折断或劈裂。

3. 锯 V 形叉

三锯法同样适用，只是最后一锯是从邻近主干开始向上斜锯至实际分叉联结处，拉掉残桩，并修整伤口，涂漆保湿防腐。

（四）修剪的常用方法

1. 截

剪去枝轴的一部分。

（1）短截：剪去一年生枝条的一部分。短截有不同的强度和要求。

①轻短截　剪去一年生枝条长的 1/4 ~ 1/3，留弱芽；

②中短截　剪去一年生枝条长的 1/2 左右，留壮芽；

③重短截　剪去一年生枝条长的 2/3 左右，留次壮芽；

④极重短截　只在一年生枝条的基部留短桩并保留 2 ~ 3 个秕芽。

（2）回缩：截去二年生以上枝条长的一部分，一般应回缩至某一所需侧枝处。

（3）摘心或剪梢：在生长旺期摘除梢端或剪除新梢的一部分。

2. 疏

贴近母枝剪掉着生的枝条。

（1）疏枝：又称疏删或疏剪，剪除一年生或一年生以上的枝条。

（2）疏梢：在生长期疏除过密的新梢。

（3）去萌：剪除枝干萌条、根蘖株及其他新萌徒长枝。

3. 放

放又称长放或甩放，即对某些生长中分枝角度合适的一年生枝条，放任不管。

4. 伤

损伤枝干的皮层或木质部抑制其营养生长。

（1）折裂：常在早春芽略萌动时直接用手折裂枝或用刀切口后折裂。

（2）环剥：沿枝干周长，切去部分或整周皮层，其剥皮长度和宽度因需要而异，可隔 6 ~ 10cm 剥两半环且略加重叠。

（3）倒贴皮：将环剥下的皮倒向贴在原伤口上。

（4）环束：用直径 1mm 铅丝围干或大枝紧扎数圈。

（5）刻伤：深达木质部（如枣、桃等），可分为纵伤和横伤。

5. 变

改变枝条伸展方向。

（1）弯枝（包括向下、向上）：大枝拉数道横锯后弯曲较易，但须绑缚。

（2）扭枝（变向扭伤）或扭梢。

（3）拿枝：伤及木质部，伤而不折。

（4）盘枝：可将枝盘成各种形状。

（5）圈枝：为缓和长枝生长势并保持其光合面积而采用的方法，一般在冬剪时根据造型需要进行短截或疏除。

四、思考题

1. 各种修剪方法对树木生长发育有何调节作用？
2. 如何理解修剪的促进与控制作用？

实验 10　雪松的整形修剪

一、目的

学习雪松整形和修剪的方法，初步掌握松类整形修剪的基本技术。

二、材料与用具

（1）材料：不同年龄的雪松。
（2）用具：枝剪、手锯、伤口保护剂等。

三、实习内容与操作方法

雪松为松科雪松属常绿高大乔木，中性偏阳，怕上方遮阴。在原产地可高达 50 ~ 70m，胸径 2 ~ 3m，冠幅可达 10 ~ 25m。雪松中央领导干明显，为圆锥或尖塔形，长短枝明显，芽基本上无潜伏力，也不易形成不定芽。

雪松生长过程有两个明显的特征：一是中轴顶端新梢细长柔软，常自然下垂，易形成双叉；二是中轴侧生枝条过多，尖削度大，自下而上的枝条粗细无明显差异。

整形修剪要点如下：

1. 保持中央领导干的顶端优势

（1）缚杆促主梢：对于幼苗、幼树主梢过于细弱弯曲下垂的植株，应对中轴主梢缚杆扶正，促进主梢生长，保持其顶端优势。

（2）竞争枝处理：如果顶梢附近有较强的侧梢或较粗壮的侧枝与主梢竞争，应予短截、回缩或疏除。如果原主干延长枝生长较弱，而邻近的侧枝长势强，则应选侧换头或转头，以侧代主。若侧枝细软或分枝角较大，应缚杆扶直，待其生长直立且稳定时去掉缚杆。

2. 合理安排主枝

主枝不能过多过密，否则易使内膛空虚。选留主枝时相邻主枝着生点的垂直距离至少 15cm 以上，同侧相邻主枝垂直距离应为 50cm 左右。同层主枝应注意通过缓放、短截、回缩等方法抑强促弱、均衡发展，非目的枝条密者疏、弱者留，修剪中应防止偏冠或空缺，采用拉撑的方法调整。枝展方向异常，扰乱树形者应予回缩或疏除，或先缩后疏。

四、思考题

1. 归纳雪松的枝芽特性。

2. 归纳雪松的修剪技术要点。

实验 11　龙柏的整形修剪

一、目的

学习龙柏整形和修剪的方法，初步掌握柏类整形修剪的基本技术。

二、材料与用具

（1）材料：不同年龄的龙柏。
（2）用具：枝剪、手锯、伤口保护剂等。

三、实习内容与操作方法

龙柏系柏科圆柏属圆柏的一个变种，为常绿大乔木，高可达 8m。喜光，但也耐阴。树干挺直，树形圆柱状或狭圆锥状，小枝略扭曲上伸，小枝密集，芽基本上无潜伏力，也不能形成不定芽。

龙柏的树形常因无性繁殖材料来源部位不同而有变化。通常用龙柏侧枝正头扦插或嫁接的植株，其主轴分枝紧贴中干螺旋状向上生长，易形成圆柱树形，姿态较好；用侧枝正头以下部位的小侧枝繁殖的植株，一般枝条松散，易形成松散形树冠，姿态较差。前者易修剪成狭圆柱或狭圆锥形；后者可修成龙柏球或飞跃状树冠。

整形修剪的要点如下：

龙柏幼树往往易出现主弱侧强、上弱下强的情况。如不及时进行人工整形，不仅高生长受影响，而且易形成双头、多头和出现扰乱树形的主枝，降低观赏价值。因此，整形前一定要仔细观察树形，确立主干和主枝的分布情况，确定整形方式。

（一）圆柱形

该树形的主要特点是主干明显，主枝数目较多。幼树整形要配备合理分布的主枝。第一主枝高度约 20cm，其下枝条全部疏除。依次向上的主枝与第一主枝或相邻主枝都应相隔 20～30cm，错落分布，并呈螺旋式上升。枝序一般以 1/5～1/3 为好。各主枝短截，剪口处留向上并向同一方向旋转的小侧枝，促使主枝下部萌生大量小枝，形成紧抱树干的龙游形。各主枝修剪时应从下至上逐渐缩短，以促进圆柱形或圆锥形的形成。对于树干主梢延长枝，若柔软下弯应缚杆扶直。

各类主枝的短截应在生长期内新梢长至 10～15cm 时进行一次，全年需短截 2～8 次，以抑制枝梢徒长，形成枝叶稠密、群龙抱柱的树形。

在植株基本定形的基础上，以后修剪可依上法反复进行。只是要注意控制树干顶端竞争枝的处理，避免分叉。主枝间的瘦弱枝要及早疏除，并对主枝向外伸展的侧枝及时摘心、剪梢或短截，使其向同一方向旋转，不断形成螺旋式上升的优美树形。

（二）飞跃形

在幼树中干中上部，除均匀保留少量主、侧枝，让其突出生长，不进行修剪外，其余主、侧枝一律短截。全树新梢在生长期应进行6~8次类似短截的去梢修剪，并使突出树冠的主侧枝长度保持在树冠直径的1~1.5倍，以形成"巨龙跃出树冠"的姿态。

在龙柏生长中，由于不修剪或修剪不合理而出现主枝过多、轮生或树冠松散、不紧抱树干的现象，应自下而上逐年疏剪轮生主枝，每轮只保留一个主枝。对于每个主枝或倒枝，只要延长梢长度超出树冠轮廓线，就应及时回缩，以刺激剪口下大量侧枝的生长。

主枝以外的密生细弱枝、枯枝应全部疏除，以逐渐形成树冠浓密、枝条螺旋式上升的姿态。

圆柏、蜀桧、刺柏等也可参照龙柏的整形修剪方法进行。

四、思考题

1. 归纳龙柏的枝芽特性。
2. 归纳龙柏的修剪技术要点。

实验12　香樟的整形修剪

一、目的

学习香樟整形修剪的方法，初步掌握香樟整形修剪的基本技术。

二、材料与用具

（1）材料：香樟等。
（2）用具：枝剪、手锯、伤口保护剂等。

三、实习内容与操作方法

香樟为樟科樟属常绿大乔木，高可达50m，胸径3m以上。冠幅8~18m，甚至30m以上。中性偏喜光，幼时耐阴。香樟主干明显，树冠卵圆形、广卵形至扁球形。生长迅速，孤立或散生时中央领导枝很不明显。单芽互生，早熟，潜伏力强，顶芽及附近侧芽发达而密集，容易形成过多过密，近轮生的主枝，自然换头频繁，"掐脖子"现象严重。

1. 幼树修剪

主要培养通直树干，加速高生长。主干顶梢有明显顶芽，一般不宜短截，但顶芽附近的侧芽和二次枝应予剔除和疏删。如果顶芽的侧芽强壮应以侧代主；如果侧枝强壮、顶枝过弱则应换头，并疏除新生梢附近的竞争侧枝5~6个；树干中下部的粗壮枝条应疏强留弱，过长或直立者应短截或回缩；一般枝条除过密者外应留作辅养枝。

随着幼树的生长，除中央领导枝按上述方法修剪外，应逐渐提高主干高度，其他过多轮生枝和过密枝应适当疏除，保证每层有 2~3 个主枝错落分布，但选留的主枝粗度不宜超过着生处树干直径的 1/3。直立粗壮主枝应回缩到外向侧枝分叉处以上。中央枝周围选留的各层主枝应从下至上逐次缩短。在生长期应早去萌，截竞争枝，确保顶梢优势。以后随着树体增高，每年在中心干上部增补 2~3 个主枝，逐步疏除其下部的 1~2 个主枝，不断增加枝下高。通常 3~4 年生时冠高比为 3:4；5~7 年 2:3；8 年以上 1:2。这样既可以加速高生长又能促进粗生长。主干高 4m 以上时可停止修剪，任其生长。

2. 定植修剪

（1）去冠栽植：在一定高度多节或粗糙处截干，栽植易成活。截干后注意留枝去萌抹芽，防日灼。

（2）保留树冠：最大限度保留树冠，疏过多轮生主枝，保留较粗的主枝回缩到下面分枝处，使各层主枝由下至上依次缩短。

中心主干顶端应突出顶枝顶芽，剪去其下的 6~8 个侧枝，并剥顶芽附近侧芽。顶梢不理想者应换头。以后根据冠高比要求逐渐提高枝下高，至 4m 时任其自然分枝。

3. 放任树改造

放任树主干低矮，主枝轮生，过密，主从不分；已去冠修剪者，原主干上方有时有枯桩，长此下去必将腐朽。改造方法如下：

（1）重新培养替代的中央领导枝。选与主干方向大体一致的主枝作主干延长枝，附近竞争枝回缩至下一个分叉处。一年后新中央领导枝增粗即可将回缩者疏除，并逐年修枝增加干高。

（2）轮生"掐脖子"者分年疏除 1/5~2/5 的主枝，直至消除"掐脖子"现象。

（3）直立徒长扰乱树形者疏除或回缩。

（4）原去冠处有枯桩者应剪除，并防止积水。

四、思考题

1. 归纳香樟的枝芽特性。

2. 归纳香樟的修剪技术要点。

3. 什么是"掐脖子"现象？如何消除？

实验 13　枫香的整形修剪

一、目的

掌握枫香整形和修剪的方法，初步掌握枫香整形修剪的基本技术。

二、材料与用具

（1）材料：枫香。

（2）用具：枝剪、手锯、伤口保护剂等。

三、实习内容与操作方法

枫香为金缕梅科枫香属高大落叶乔木，是优良的秋色叶和遮阴树种。喜光，但幼树稍耐阴。枫香树干直，高可达40m，胸径1.5m以上。树冠广卵形至倒卵形，冠幅10～20m。单芽互生，早熟，潜伏力强且能发不定芽，有较强的萌发力。各级枝条顶芽发达，梢端侧芽较壮，易轮生出现"掐脖子"现象。

枫香一般采用自然树形，但若用于遮阴树或行道树有三大不足：一是移栽困难，类似胡萝卜根；二是中央领导枝发达树体可能过高；三是主枝过多，树冠扩展缓慢。因此其整形要抓住以下要点：

（1）幼树应该逐年提高枝下高，注意疏除过密强枝，多保留辅养枝。

（2）植株移栽前，注意根系修剪，即截根促须根生长。当植株按上法培养至高3～4m时，可进行移栽。移栽时应去冠重剪，可不留主枝桩，也可留约30cm长的枝桩，生长季再在萌条中合理选留主枝，培养中干，抹芽去萌，注意防日灼。

（3）植株长到所需高度，应对顶梢短截落头或回缩至较强的分枝处，迅速扩大树冠。

（4）注意适时疏除过多主枝，避免出现近轮生的"掐脖子"现象。

（5）对于放任生长的植株，应进行落头回缩，或逐年疏除过密轮生主枝，促进树冠均衡发展。

四、思考题

1. 归纳枫香的枝芽特性。
2. 归纳枫香的修剪技术要点。

实验14　广玉兰的整形修剪

一、目的

学习广玉兰整形和修剪的方法，初步掌握广玉兰整形修剪的基本技术。

二、材料与用具

（1）材料：幼年或成年广玉兰植株。
（2）用具：枝剪、手锯、伤口保护剂等。

三、实习内容与操作方法

广玉兰为木兰科木兰属常绿大乔木。喜光，稍耐阴。高可达30m。树冠阔圆锥形或卵形，冠幅8～18m，最大可达25m。主干明显，但其萌芽率低，成枝率高，易形成轮生枝，不耐修剪，因此修剪时要十分谨慎，一般只对过密的轮生枝或扰乱树形的枝条进行适当的疏删或回缩，切不可任意剪枝，更不能去中干主梢，否则易破坏树形且难以恢复。

1. 整形

自然式树形，定植后头几年一般不修剪，但应注意去除干基萌条，对顶芽附近侧枝摘心，保持其顶端优势。

2. 定植修剪

冠：高＝2：3，基部三主枝各方向均匀分布，避免轮生。主枝下垂或水平者应回缩至某分枝处，缩小分枝角，增强生长势。若主枝分枝角过小，长势过旺，则应回缩至某分枝处，留外向枝。第二轮以上主枝与第一层主枝相互错落。主枝应上短下长，保持良好树形。此外要注意竞争枝的处理。

3. 成年树修剪

宜逐渐提高主干高度，各轮主枝可减至1～2个，避免轮生且分布均匀。过密树适当疏剪，清除病虫枝、枯死枝、下垂枝、内向交叉枝。一般不要随意短截（枝顶形成花芽）。及时疏除直立扰乱树形的枝条。长到一定高度后可停止修剪。

4. 放任树修剪

放任树主枝轮生，"掐脖子"现象严重，有时有直立徒长枝或直立双主枝。应分年疏除1/5～2/5轮生主枝，疏除或回缩直立徒长或其他扰乱树形的枝条。中轴上的大枝一般不要一次疏除，以免造成大伤口难以愈合，应先行回缩或留桩环剥，抑制其粗生长，待以后疏除。

四、思考题

1. 归纳广玉兰的枝芽特性。
2. 归纳广玉兰的修剪技术要点。

实验 15　桂花的整形修剪

一、目的

学习桂花整形和修剪的方法，初步掌握桂花整形修剪的基本技术。

二、材料与用具

（1）材料：幼年和成年的桂花植株。
（2）用具：枝剪、手锯、伤口保护剂等。

三、实习内容与操作方法

桂花为木犀科木犀属常绿小乔木或灌木。中性，偏阴，但过于荫蔽生长开花不良。高可达12m，冠幅7～8m。

桂花的自然树形为圆头形或半圆形，主枝较多，分布集中，冠内通风透光较差，叶幕层较薄，开花部位逐渐外移，花量不多，必须每年疏剪。

桂花整形，幼时用合轴主干形，以后可除去主干下部的枝条，变为单干自然圆头形。

1. 幼树整形

桂花多以扦插或嫁接繁殖，枝条多集生于茎的先端，应以疏剪为主，短截为辅。

幼树定植后，应选一与主干延长生长相近的新梢短截，留健壮的剪口芽，抹去相对的另一芽，以保证单一的主干延长枝，其下的第二、第三对芽也应抹除，以控制竞争枝的生长。下面的枝条应强枝重短截，削弱其生长，弱枝则任其自然生长留作辅养枝。

中轴中下部的粗壮枝条视其分布状况选留，过密者宜疏，对主枝去弱留强，互相错落；一般弱小枝可暂缓修剪，使之成为开花母枝，以便翌年形成花枝开花。凡被保留的枝条，应轻短截，并注意留枝方向和分枝角度。枝条过于开张应留上芽，分枝过于狭窄应留下芽。各枝上的新发枝条，除竞争枝应进行控制修剪外，可暂时不剪。主干基部的萌条，特别是砧木萌条应及早剪除。

第二年冬季，继续选留主干延长枝，但应与上年延长枝方向相反，且应剥去与剪口芽相对的芽和其下方的 2~3 对芽。

桂花幼时中央领导干的主枝数量可不受限制，只要错落有致，不仅树形美观，而且可增加开花数。主枝间距约 30cm，每年选留主枝后可依次将上年主枝间留下来的辅养枝疏除。

以后各年对主干延长枝和主枝的剪留，均与上年一样。随着树体不断增高，可逐渐剪除下部 1~2 个主枝，提高主干高度，待主干高达 1.5m 时即可留 4~5 个主枝截顶，使之形成自然圆头形树冠。

在合轴中干形成阶段，因各主枝不是永久性的，故不宜进行短截，任其长放，缓和树势，利于开花。待到疏除主枝时也不至于太粗，且减小伤口。

2. 成年树修剪

自然圆头形树冠形成以后，桂花高生长减缓，粗生长加快，应着重对主枝、侧枝和小枝进行修剪，多疏删。

桂花枝条当年生多为中短枝，每枝先端仅 4~8 片叶，其下则为花序，而且枝端往往集中 4~6 个中小枝，因此可每年剪去先端 2~4 个花枝，保留下面两个枝条。这样枝条总长度缩短了，但下一年可由保留的两个小枝分生 4~12 个短枝，树冠又可相对外延。反复一进一退，可减缓树冠外延的速度，维持树冠的大小。

各主枝、副主枝和侧枝下部的一些短枝，受光差，生长弱，易枯死，应逐年疏除枯死枝、重叠枝，并对其适当回缩，把伸展过长的主枝、副主枝或侧枝在其中后部强健分枝上方剪除，以缩短枝条与主轴的距离，改善营养条件，使其复壮。

3. 放任树改造

（1）未老先衰、多年未开花的树木：成因主要是立地不适，如地下水位较高，排水不良，土壤偏碱或大气污染等。此外，栽植后修剪太重，长势衰退，多年不易恢复。

改造方法：①疏松土壤、排水、施酸性肥料；②利用萌条或徒长枝培养新主干，并将原中干回缩至下部侧枝处，依上法培养新中干；③若无徒长枝或萌条培养新干，可对弱枝适当重剪，刺激萌发新的健壮主枝，培养新树冠。

（2）单干主枝丛生：疏主枝并注意保留主枝回缩至分枝处上部。

（3）主干丛生：多为定植后不管理，基部萌条密集并形成丛干。

改造方法：①选3~5个强健分布均匀的主干培养多干式树形；②对伸展过长的枝条视其强弱回缩1/3~2/3，刺激下部秃枝干萌生新条。剪口下部若枝条较粗，则应视其位置、方向与间隔适当保留，也应按上下顺序进行回缩。第二年从新生枝条中，参照上述枝修剪的方法处理，一般应多留少疏，以辅养树冠的恢复和生长。经2~3年，树形改造便可完成。

四、思考题

1. 归纳桂花的枝芽特性。
2. 归纳桂花的修剪技术要点。

实验16　花梅的整形修剪

一、目的

学习花梅整形和修剪的方法，初步掌握花梅整形修剪的基本技术。

二、材料与用具

（1）材料：幼年和成年花梅植株。
（2）用具：枝剪、手锯等。

三、实习内容与操作方法

梅有花梅和果梅之分，观赏梅类多为花梅，属蔷薇科梅属，落叶小乔木，高4~10m，喜光，怕渍水。梅的萌芽力和成枝力均较强，芽潜伏寿命长，易生萌条，耐修剪。

梅的自然树形开展，呈自然开心形或圆形树冠，幼枝挺直多分枝，中短枝易生梅钉。

花梅露地栽培的整形方式，以美观而不呆板的自然圆头形或自然开心形为主。修剪方法以疏为主，短截以轻为宜。如过分重剪会影响下一季花芽的形成。一般在花前疏剪病枝、枯枝及徒长枝等，而在花后适当进行全面整形，必要时也进行部分短截。

1. 幼树整形（多为自然开心形）

（1）定植（冬春）剪：一年生苗留70~80cm短截，剪口下如有二次枝，应疏除，刺激萌发强健新枝选留主枝。选留主枝时应选分枝角适宜、方向各异且均匀的枝条3~4个培养，其余新枝留30cm摘心，削弱长势，辅助主枝生长，若辅养枝过密或妨碍主枝生长则应疏除；砧木萌条随时疏除。

（2）第二年冬剪：主枝轻剪，扩大树冠。主枝短截时应强枝轻剪多留芽，弱枝重剪少留芽，以使主枝生长平衡。一般剪去1/4~1/3，留40~70cm。为使主枝曲、欹，剪口芽方向要交替，并注意分枝角和新枝的空间分布。主枝中下部着生枝除过密者疏外，可放任，但要注意处理主枝头的竞争枝。

（3）第三年冬剪：各主枝延长枝短截，留芽方向与上年相反。在距主干 30cm 左右留第一副主枝，在各主枝上处于同一侧，培养方法同主枝。主枝上直立朝上的健壮枝，顶端者应疏除，中下部者可剪至副梢处或曲枝填空，过密者可疏除。

幼树期间，树冠内易生枯枝、病虫枝、密生枝和徒长枝，应全部疏除。

夏季摘心在梅的修剪中是不可缺少的环节。春季萌芽后应适当疏芽或疏梢。摘心能调节生长势，保持枝间的从属关系，同时促发二次枝，加速树冠的形成和促进花芽分化。

2. 成年树修剪

因品种不同发枝强弱不同。发枝力强者大部分叶芽都能抽枝，枝多且细，应强剪或疏剪，以增强树势。发枝力弱的品种，大部分叶芽不能萌发而休眠，萌发枝少而粗，因此应将部分长枝轻剪长留，促萌发。

（1）主枝修剪：树冠扩展不大，可对一年生枝短截，留芽方向应使枝曲折前进。如果树冠扩展过大，宜选主枝中部某一方向的合适侧枝代替主枝，一年生枝条短截。

为保护主枝间的平衡，强枝可重剪至二次枝或回缩至侧枝以侧代主，使树势缓和。弱枝少剪，一般留 30~60cm 短剪，主枝伸展过短时还可不剪。主枝上的二次枝可留 2~3 个芽短截。

（2）侧枝修剪：侧枝上有两种枝：一种是叶枝（发育枝），只长叶，不开花，强枝重剪，密者疏；另一种为花枝，以疏为主。花束枝，短花枝可不剪，只疏过密枝；中花枝留 2~3 个芽短截；空间大，中花枝可不剪；长花枝留 6~8 个芽短截。翌年，中花枝多发短花枝，疏除先端 2 个短枝，短截其下部短花枝，即可培养成开花枝组。

树体上的萌芽枝、病虫枝、枯死枝、扰乱树形枝及老梅钉等一律疏除。

在生长期应注意抹芽。为促进花芽分化，6 月上、中旬可采用拧顶捻梢的方法抑制旺枝的生长。

（3）老树更新：浙江天台有隋梅约 1300 余年。杭州有宋梅，湖北省有晋梅，琅玡山下有欧阳修手植梅一株，距今也有 900 多年。

当主枝伸展过短，甚至停止延长，冠内开花渐少时，树体已开始衰老。若冠过大，应适当回缩，以剪口下的侧枝代替主枝，并剪去梢端。

当主枝上部和冠内大部分枝条枯死，开花枝少，甚至不开花时，可利用徒长枝重新培养主枝，将其上部衰老枝全部剪去。

四、思考题

1. 归纳花梅的枝芽特性。
2. 归纳花梅的修剪技术要点。

实验 17　花桃的整形修剪

一、目的

学习花桃整形和修剪的方法，初步掌握花桃整形修剪的基本技术。

二、材料与用具

（1）材料：幼年和成年花桃植株。
（2）用具：枝剪、手锯、树涂剂等。

三、实习内容与操作方法

桃系蔷薇科李属落叶小乔木，高达8m。极喜光。顶端优势不明显，自然树形开张，寿命短，合轴分枝，芽潜伏力差，易光秃。

花桃多采用自然开心形或杯状形，不要中央领导干。其树形宽大，阳光充足，开花部位多，花量大。其整形要点如下：

（一）第一年

1m高去梢留壮芽，随新梢生长逐个留主枝，第一主枝距地40cm，第二主枝距第一主枝24cm，去梢后剪口下留第三主枝，其余落选枝条摘心或剪梢，抑制生长，作辅养枝。留主枝时，注意方向和分枝角（30°~60°），不可轮生。

（二）第二年

冬剪主枝短截，剪口芽留下壮芽。各主枝留2~3个侧枝（注意错落），主枝顺时针或逆时针距干50cm左右留第一副主枝，以后距第一副主枝30cm选留第二副主枝，方向与第一副主枝相反，其他弱枝作辅养枝，否则疏去。

（三）成形树修剪

每年早春萌芽之前对所有营养枝进行短截，花谢后对中、长花枝进行重剪，促腋芽抽生新花枝。

1. 加强主枝短截，促进延长枝生长

桃树延长枝生长量与树势（枝势）密切相关，强壮时延长枝可达50cm以上，并能形成副梢；弱树只长30cm左右。故强壮骨干枝可剪去1/3~2/5，弱枝可剪去1/2~2/3。

第一、第二主枝因位置靠下长势偏弱，为增强其长势，可在先端强壮向上枝分生处剪去主梢，使向上枝成为主枝延长枝，并短截1/3。

若主枝延长枝过长，可选其下方某健壮侧枝向上长枝或合适的徒长枝作枝头，自其分生处剪去原主枝头，同时对回缩后的新主枝头短截，其他侧枝相应短截或回缩，维持主从关系。

2. 小侧枝修剪

主枝或侧枝上的小侧枝是开花主体，尽可能保留，应从下至上逐渐缩短，合理分布，促多发中庸枝，剪时留叶芽，强枝留下芽，弱枝留上芽。

3. 开花枝修剪

母枝上花枝太多，耗养多，花小易落，为延长花期要适当修剪，集中营养。

花桃一般以发育中庸的长枝（30～50cm）开花最好，花后一定要短截，促发中庸枝条。长花枝应多留少疏，过密者可行极重短截，留基部2～3个节作预备枝。长花枝一般宜留7组左右的花芽，剪口芽一定要有叶芽。

中花枝剪法与长花枝相同，但只留5组左右花芽短截，剪口芽留叶芽，花后可发出良好枝条。

短花枝留3组花芽短截，如第三节上无叶芽可适当减少或多留芽；如短花枝上无侧生叶芽则不能短截。短枝过密可留1～2个芽短截，做预备枝。

花束状枝过密应疏去，因其不具叶芽，故不能短截。

徒长花枝轻短截，留9组花芽，再适时夏剪能获良好效果。

4. 开花枝组的培养和修剪

开花枝组是直接着生在各级骨干枝上的独立开花单位，若只注意骨干枝安排，不注意开花枝组的培养，开花部位很快上移，内膛枝易枯死，开花部位外移。

开花枝组是利用发育枝、徒长枝、徒长开花枝等经数次短截促分枝，由不同的开花枝组成。大型开花枝组，多选用强旺枝条留5～10个芽短截，促分枝，第二年留2～3个枝短截，其余疏去，3～4年就可培养成大型开花枝组。小型开花枝组一般留3～5个芽短截，分生2～4个壮枝，经疏删和短截，枝组很快形成。开花枝组的延长枝要选枝组顶端斜生枝，使其弯曲向上，防止上强下弱。

开花枝组间隔60cm，每枝组长不宜超过50cm，否则及时回缩。其形状以圆锥形为好，以防开花部位过早上移。

开花枝组的修剪，要注意强枝多留芽，弱枝少留芽，及时回缩更新，注意培养预备枝，特别是枝组下部要多留预备枝。开花枝着生部位要低，以靠近骨干枝为好，开花枝本身也要主从分明，长势均衡。

5. 枝条更新修剪

用更新修剪法。

（1）单枝更新法：花枝开花后留一定长度短截，使其下发几个新梢，冬剪时选留一根靠近母枝（二年生枝）基部发育充实的枝条作开花枝，余下枝连同母枝一并剪掉。留下的花枝适当短截，促发几个新梢开花，花后再如上一年留一枝更新。实际上是同一个枝条，让它"长出去剪回来"，每年利用近基部新梢短截更新，周而复始，即所谓单枝更新。

（2）双枝更新法：同一母枝近基部留两枝，上枝按开花枝要求短截，次年继续开花，下枝则留两芽短截作更新母枝，其上着生的两个新梢即为更新枝，当年开花的上侧枝剪去；而下枝的两个更新枝，仍如上年一样开花更新，轮流开花和作预备枝。

6. 树形改造

园林中常常只注意剪插花，而不注意整形修剪，树体易高大，上强下弱，内部光秃。

拉枝扩大开张角度，降低主枝生长势，并只剪去先端无芽空枝，剪口留下芽。未拉枝者重剪降头，其他枝条不剪，待被拉枝下方出现新徒长枝时改造利用，重新培养树冠，降低原来的高度。

四、思考题

1. 归纳花桃的枝芽特性。
2. 花桃通常采用什么树形？归纳花桃的修剪技术要点。

实验18 蜡梅的整形修剪

一、目的

学习蜡梅整形和修剪的方法，初步掌握蜡梅一类易丛生小乔木或灌木整形修剪的基本技术。

二、材料与用具

（1）材料：幼树和成年蜡梅植株。
（2）用具：枝剪、手锯等。

三、实习内容与操作方法

蜡梅属蜡梅科蜡梅属落叶灌木，高 2～4m，多干丛生。芽单生，早熟，芽潜伏寿命长或易生不定芽。蜡梅易多干密集，下部与内膛易秃，开花部位外移，观赏价值下降。

蜡梅可采用以下几种整形方式：

（一）自然开心形（单干式乔木树冠采用）

1. 幼树整形

（1）第一年冬：1 年生苗，选健壮枝作主干培养，约留 70cm 短截。剪口下留一与下部接口芽方向相反的芽作主干延长枝，剪口主干上发出的其余枝去强留弱，作辅养枝，树冠形成时疏去。为使成形前的蜡梅也能开花，对主干上的中短枝要夏剪促分枝，每生 3 对芽后就摘心 1 次，有时甚至发生 1～2 对芽时就摘心。夏剪一般在 3～6 月进行，7～8 月后停止。

（2）第二年冬：主干延长枝短截，剪口下留一芽换方向。为防止剪口下侧枝生长过旺，不至与中央枝竞争，必须剪去剪口芽下两对侧枝。留下的侧枝只作辅养枝，不宜短截，应长放缓和长势。夏季摘心控侧促主。

（3）第三年冬：与上年同，只是剪去主干顶梢不让其再伸长增高，剪口下留 3 个方向互相错落的芽作主枝。为使其继续伸长，抽枝后按长势强弱分别留 15～20cm 剪梢，剪口留 1 个芽，使新枝转换方向，减弱生长。如果留了上、下对生的芽可在夏剪时连同母枝剪去一段，留下方侧芽当枝头。

在 3 个主枝离主干约 30cm 的范围内选 1 个斜生枝剪去先端，剪口留 1 个侧芽作侧枝。三主枝上侧枝配置于相应一侧以免重叠。主枝上其余枝条，强者留基部芽重截，中庸者长放，弱枝留 1～2 个芽短截，下一年发两个中短枝。

（4）第四年冬：剪法与前同，但第二侧枝方向相反。

2. 成形树修剪

（1）主枝修剪：新梢强可发数个二次枝，作延长枝者摘心，其余无需修剪。着生于主枝上方或过密者疏，各主枝延长枝夏季生长不均衡者，强枝摘心。冬季三主枝虽生长平衡，延长枝也应短截 1/3，促萌芽、主枝延长枝，扩大树冠。

（2）侧枝修剪：每个主枝上的侧枝群应疏密合适，通风透光，每主枝上的侧枝应自下而上逐渐缩短，错落配置，长势中庸。

侧枝先端短截后，地力好可发 3~4 个中长小侧枝，其下还能形成许多短小侧枝，只要短截适度，无论长中短枝都能大量开花。

（3）徒长枝修剪：根部产生者疏，接口上部产生者可补空，衰老树可作更新用。作花枝可留 15cm 短截，促其分枝，夏季再对分枝摘心，促发二次枝开花。

（二）矮干三主枝式

据花卉及观赏树木简明修剪法，主干 30cm，培养三主枝，再分侧枝。对花枝留 3~5 节短截，新枝长至 40cm，摘心促花芽分化。

（三）三本式株形

直接从根部发出三主枝。

（四）放任树改造

多干丛生选 3~4 个芽保留，培养多干式，其余位置方向不当的枝干及基部萌生砧木条，可齐基部疏除。对选留下来的主干，先行回缩，剪口下留斜生中庸枝当头，以削弱顶端优势，逼主干中下部隐芽萌生新枝。

四、思考题

1. 归纳蜡梅的枝芽特性。
2. 归纳蜡梅的修剪技术要点。

实验 19　紫薇的整形修剪

一、目的

学习紫薇整形和修剪的方法，初步掌握紫薇整形修剪的基本技术。

二、材料与用具

（1）材料：幼年或成年紫薇植株。
（2）用具：枝剪、手锯等。

三、实习内容与操作方法

紫薇系千屈菜科紫薇属落叶小乔木或灌木，高 3～6m。喜光，耐旱，耐水湿。枝条萌芽力、成枝力强，芽潜伏寿命长，耐修剪。

紫薇修剪应采用疏散分层形或自然开心形，以前多用平头形。整形要点如下：

1. 平头形

1 年生苗冬季去顶，并去掉主干粗枝，留辅养枝。待新枝长至 30cm 左右时选主干延长枝培养，其余去梢，抑侧促主。

生长季节（休眠期），树高 2m，留 1.7m 去顶，剪除全部二次枝，同时去掉去年主干上的辅养枝。

第二年春，剪口下长出许多新枝，主干上端选留 3～4 个方向合适的主枝培养，其余抹除，生长期内抹除主干中下部萌芽，冬剪短截 1/3 主枝。

第三年冬，各主枝先端发 3～4 个新枝，休眠期留 2 枝，并极重短截，其余抹除，即形成平头形。

以后维护性修剪，每年对新枝极重短截，生长期长出 2～4 个新枝，夏剪疏 2 个，留先端枝。如此反复修剪，使主枝先端形成拳状突起，开花时新枝成串状。

这种方法，树易早衰。

2. 自然开心形

这种树形主干高约 1.5m。1 年生苗冬剪时短截。疏 2 次枝，翌春留剪口下 30cm 整形带内芽，其余抹除，待新梢长 20～30cm 时选一主干延长枝，其余剪 1/2，促主干延长枝直立生长。

第二年冬，在 1.5m 处短截主干延长枝，疏剪口下二次枝和头年留下的辅养枝。翌春剪口下留 3～4 个芽任其生长，其他短截，增加叶量。长放枝，自然开张，斜向生长，成为主要骨干枝。

先端第一主枝直立则夏剪回缩至主干上段，留下 3 个枝斜向生长，其他（头年）辅养枝一律疏除。下一生长季 6～7 月，为使主枝延长枝不要伸展过长，应摘心促二次枝增加花量。

第三年冬，短截三主枝延长枝，剪口留外芽扩冠，适当疏剪或短截剪口附近二次枝，但主枝要长于侧枝。每个主枝在离主干 50cm 左右处留第一侧枝，短截 1/3，长度不要超过主枝先端。其余主枝上的侧枝选留与此相应错落分布。主枝上的其他枝，密者疏，稀者截，只留 2～3 个芽作开花母枝。花后剪花序促二次枝开花。

第四年冬，继续扩大树冠，各主枝继续延长并短截，同时短截第一侧枝及所有花枝。作延长枝者若短截应轻，花枝短截可重，一般留 2～3 个芽即可，并在主枝第一侧枝相对一面上部 30cm 左右留第二侧枝短截，留芽多少视空间大小而定。空间大留 3～4 个芽（3～4 个花枝），冬剪去先端 1～2 个枝，对后部 2 个枝留 2～3 个芽短截，以后各年如此反复。如有徒长枝，要逐步控制生长，冬季疏除。到一定年限后树冠扩展过大，必须回缩到原主枝头，换后部好的侧枝当头，其他侧枝也要相应回缩。但应主次分明，枝势大体均衡。

3. 疏散分层形

1年生苗短截，翌年发3~4个新枝，剪口第一枝作主干延长枝，其下的2~3个新枝不断摘心，控制生长，作第一层主枝。

第二年冬，主干延长枝短截1/3，第一层主枝轻短截，剪口芽留外芽，削弱长势，促主干生长，夏季新干又萌若干新枝，再选2个与第一层主枝互相错落的枝作第二层主枝，未入选者摘心控制生长。

第三年，同上年短截主干延长枝，其余留1个枝作第三层主枝，短截控制生长，培养一定数量的开花基枝，以后不再让主干增高。每年仅在主枝上选留各级侧枝和安排好冠内花枝。凡开花基枝，一般留2~3个芽短截，翌年剪去前两枝，第三枝留2~3个芽短截，如此每年反复。

此外，也有采用多干丛生树形的。

四、思考题

1. 归纳紫薇的枝芽特性。
2. 生产上紫薇常见的树形有哪些？说明各树形的修剪技术要点。

实验20 紫叶李的整形修剪

一、目的

学习紫叶李整形和修剪的方法，初步掌握紫叶李整形修剪的基本技术。

二、材料与用具

（1）材料：幼年和成年紫叶李植株。
（2）用具：枝剪、手锯等。

三、实习内容与操作方法

紫叶李为蔷薇科梅属落叶小乔木，高可达4~8m。树冠球形或扁圆形，枝条纤细，芽潜伏力强，耐修剪。

可采用疏散分层形树冠，主干明显，主枝错落，冠内通风透光良好，不仅可使树木生长健壮而且树形美观。紫叶李枝条直立性强，分枝角小，短截时多采用里芽外蹬的方法。

（一）整形

1. 1年生苗整形
（1）1m高处短截，促发主干延长枝和剪口下斜生枝。
（2）当新梢长至20cm时，选留上部最旺枝作延长枝，以上的弱枝应连同一段主干剪去。

（3）对选留的三大主枝新梢摘心，抑制其生长促延长枝生长。三主枝应分布均匀，枝角45°，生长期内主枝强弱不均，分化严重者则应用支撑、吊拉、控制剪口留芽方向、里芽外蹬等技术使其平衡。

2. 第二年冬剪

（1）适当短截主干延长枝，剪口留壮芽，方向与上年相反，以保证主干通直。

（2）三大主枝视其强弱进行不同强度的短截。原则是：强枝轻剪多留芽，分散养分削弱生长势；弱枝重剪少留芽，集中养分增强生长，平衡各枝长势。剪口芽的方向强弱则视各枝伸展方向、角度和长势而定，通常应留外芽扩大树冠。

（3）生长期内，注意控制徒长枝，及时除去妨碍主枝生长的枝条。欲替代骨干枝或补空者摘心后保留，促主枝延长生长，避免形成交叉枝。

3. 第三年冬剪

（1）继续短截主干延长枝，剪口留壮芽方向与上年相反。

（2）在上年主干上再留两个主枝并短截，方向与第一层主枝错开。第一层三大主枝也要短截，扩大树冠。

（3）主干上其余落选枝条只要其粗度不超过着生处直径的1/3就应长放；若过粗，可回缩至外向短枝处。

4. 第四年冬剪

（1）与上年剪法基本相同，但只留一个主枝构成树冠第三层。

（2）对每层主枝均要短截留外芽，剪留长度上层宜短，下层宜长。

此外，各层主枝每年冬剪时，均要逐步配备适当数量的侧枝，相互错落，通风透光。

至此整形完成，适时再去顶枝，使树冠不再向上伸展（实际上是疏层延迟开心形）。

（二）成形后修剪

（1）只剪除枯死枝、内向枝、重叠枝、交叉枝和病虫枝。

（2）放得过长的细弱枝及时回缩复壮。

（三）树形改造

1. 高干冠小树改造

主干细高，冠小集中于干顶，冠高比为1:（4~5），上部新枝生长细弱。这种树形主要是主干强度修剪所致。

改造方法：①冬季落叶后回缩修剪，将树冠整个锯去。主干粗时留干高1.5m左右，主干细弱时留1m左右；②夏剪时剪口下萌生4~5个新枝，长至20cm左右时，选留1个粗壮新枝做主干延长枝。为了促使新主干直立生长，先要剪去新枝着生处上部过长的桩，以免妨碍新枝直立生长；对其余新枝摘心并留外向芽增加其角度，减缓生长；主干瘦弱枝只要不妨碍主枝生长可暂时保留，增加叶面积辅助主干生长。

经一年改造，标准树形的骨干基本构成，可参照正常树形修剪。

2. 放任树改造

这种树缺乏中心主干，有时甚至齐地面同时分生出几个等粗的干，是未作任何修剪所致。改造方法：①落叶后选直立生长较健壮的分枝留作主干培养，其余分情况回缩或疏除。②处于竞争状态的主干只能回缩到弱枝处，以免造成大伤口，影响主干生长；较弱小且离新主枝较远的枝可一次疏去，不致妨碍主枝头生长；选留的主枝头要在1年生枝上短截，以便继续延长主干。③剪口下留内向芽以校正主干方向。

新骨架形成后参照正常树形修剪。

四、思考题

1. 归纳紫叶李的枝芽特性。哪种枝条上的叶片观赏价值高？
2. 归纳紫叶李的修剪技术要点。

实验 21　龙爪槐的整形修剪

一、目的

学习龙爪槐整形和修剪的方法，初步掌握以其为代表的拱形下垂枝类型树木整形修剪的基本技术。

二、材料与用具

（1）材料：未成形和已成形的龙爪槐植株。
（2）用具：枝剪、手锯等。

三、实习内容与操作方法

龙爪槐为蝶形花科槐属落叶小乔木，是槐树的一个变种，其主干为槐树砧木嫁接而成，高 2.5~4.0m，最大胸径 25~30cm，大枝拱形，伞形树冠，先端下垂。中性略喜光。

龙爪槐整形修剪是要不断形成上拱和宽冠的树形。

1. 定干

为槐树嫁接而成，砧木的高度即为主干高。因此，在龙爪槐嫁接时，应根据不同功能要求，确立相应的砧木主干高度，一般情况下多为 3m。

2. 整形

当砧木的主干长至一定高度后去顶，并选择均匀分布于四周的侧枝作主枝，行重短截，嫁接。每枝接 1 枝或 1 芽，并保证成活，待接芽萌动后各砧留 1 芽分别作主枝培养，并在生长季对主枝适时摘心，促分枝，随时抹除砧木上的萌条；也有在砧干顶端接 1 枝或芽待其成活萌生后留 3~4 个枝作主枝。其余修剪方法同前。

3. 定形后的修剪

（1）第一年冬剪：若有 4 个主枝成活则疏除 1 个不适者，其余 3 个主枝弱者重短截，强者轻短截或中短截，留上芽使新枝不断抬高角度。生长季注意摘心。

（2）第二年冬剪：对各主枝延长枝适度短截留上芽，同样为强枝长留，弱枝重截留壮芽。一般剪口位置在拱形枝高位处，主枝上应隔一定距离错位选留侧枝，并行短截，注意充分利用空间。修剪中注意均衡树势，主次分明。各级骨干枝上的小枝只要不妨碍主侧枝生长应多留少剪，以扩大光合作用面积，促进生长。冬剪时应疏除下位的弱枝，保留上位枝并中短截。

在各年生长中，生长季盘扎、摘心、砧木去萌是控制龙爪槐生长势必不可少的方法。新梢摘心最好。可在生长旺季新梢向下伸展时及时剪梢或摘心。剪口同样留上芽。新梢经短截停顿后，又由上芽发枝重新向前生长，枝角加大，树冠扩大。当新梢又向下伸展时，再摘心剪梢。每年如此重复几次，就可解决树冠狭窄的问题。

3. 龙爪槐生长的主要问题

（1）顶生直立枝：砧木萌条不能任其生长，应及时疏除并去砧萌。

（2）骨干枝贴干，树冠狭窄：多为放任生长所致，应行强度回缩，对萌条或新枝合理选留，按前述方法适时修剪。

（3）主干上下萌条多：应及时修除、抹芽、去萌、盘扎。

四、思考题

1. 归纳龙爪槐的枝芽特性。

2. 龙爪槐整形一般采用何种树形？其修剪技术要点有哪些？

Ⅳ 园林苗圃调查规划设计

一、目的

苗圃是苗木生产的基本建设项目之一，育苗工作又是一项集约经营的事业，各个育苗环节前后衔接，且受环境条件制约。通过苗圃调查规划设计实习，要求学生能够将苗木培育的理论及所学过的专业基础知识与生产实践结合，结合苗圃生产目的及拟建苗圃的实际条件，从以下几个方面进行苗圃规划设计：对苗圃的自然条件与经营条件进行调查分析，并分析这些条件的特点以及与育苗技术措施的关系；进行苗木育苗成本计算，填写相应的计算表；绘制苗圃平面区划图；撰写调查规划设计说明书。

二、材料与用具

用具：1:10 000 地形图、GPS 定位仪、罗盘、标杆、测绳、记录板、坐标纸、皮尺、各种测量记录用表；土壤小铲、小刀、pH 试剂、小磁板、土壤袋、地质锤、土壤筛、环刀、铝盒、锄头、铁锹、土钻、标签；方格纸、铅笔、橡皮、记录表格、记载板。

三、设计内容

(1) 苗圃设计地点及自然经济条件概况；
(2) 苗圃生产任务及面积计算；
(3) 苗圃地区划；
(4) 各苗木育苗技术措施设计说明；
(5) 育苗直接成本估算。

四、实习内容与操作方法

(一) 苗圃地的调查

建立苗圃是一项慎重的工作，必须对拟建苗圃地进行调查。调查的目的首先是结合各方面的情况，评价该地是否适于做苗圃；另外，通过实地调查，为设计提供客观依据。调查一般分为准备工作和详细勘测两个步骤。

1. 准备工作

准备工作是作好勘测工作的前提，一般在建立苗圃之前应做好下列准备工作：

（1）概况了解：对拟建苗圃进行概况了解，包括苗圃建立的期限、苗圃大小、经费来源、苗圃生产任务、拟育苗木种类、生产方式和必要的建筑工程及设备等。

（2）收集资料：地形图、土地利用规划图、土壤分布图、植被分布图、气象资料、病虫害资料、社会经济条件资料等，以及育苗经验总结和新技术资料。

（3）踏查：通过踏查，了解拟建苗圃地区的特点，为详细勘测打下基础。在进行踏查时，应取得当地有关部门的协助，并聘请当地有经验的人协同进行，有相关专业人员参与并携带必要的工具和仪器。踏查采取全面了解，必要时配合路线调查的方法进行，通过踏查完成如下工作：

①拟建苗圃的范围和界线，并校对原有图面材料的正确性，以此作为安排测量工作的基础；

②拟建苗圃地区的地形、土壤、植被、病虫害及土壤利用（包括前茬）情况；

③拟建苗圃或附近的水源情况（河流、沟渠、地下水等），评价能否用于满足育苗灌溉以及该水源可利用的措施；

④拟建苗圃周围农业生产（包括使用的机具）情况与其他生产概况，为征得临时劳力、修理机具提供信息。

（4）情况通报：除向上级汇报外，还须向全体参加建圃人员介绍情况，然后学习有关材料和制订勘测计划。

2. 详细勘测

苗圃地详细勘测为苗圃设计提供资料依据，其工作内容、步骤、方法和要求简述如下：

（1）圃地测量：测量工作是根据拟建苗圃地区的地形情况，按一定的精度和比例尺测绘平面图或地形图，以便为其他调查项目和苗圃区划应用。一般比例尺为 1：500～1：2000，坡地等高线间隔距离为 0.5～1.0m。

（2）土壤调查：土壤调查的目的是查明苗圃地土壤的类型和分布规律，并为苗圃区划、土壤改良、整地和施肥等工作提供资料。土壤调查是按路线调查进行的，调查时按踏查及图面材料所提供信息初步确定调查路线。

到达现场后，先对照地图确定自己所在位置，然后按拟定的路线进行调查。土壤剖面调查位置应分布在不同的植物群落和地形部位上，要求有代表性，不宜在沟边、路旁、坟基和建筑物附近等处设置剖面。挖土壤剖面的数目，应根据苗圃地土壤的复杂性而定，一般是在 100 km² 的面积上，挖 10～15 个主副剖面。所有的剖面要标定在图面材料相应的位置上，并标注土壤剖面号。同时，以土壤变种为单位进行土壤分布草图的勾绘工作。勾绘时，按地形与植物群落的相互关系，依次对照剖面，确定边界或明显的自然界线，用目测勾绘在地形图（或平面图）上。做土壤分布图时，若比例尺为 1：2000，其小区最

小面积为 $0.4hm^2$，小于 $0.4hm^2$ 的地段可划为复区，但必须指出复区土壤成分的百分比。

土壤调查外业结束后，还应进行以下工作：

①为了说明苗圃地的土壤情况，应选取代表面最广，发生层次完整和剖面形态特征明显的样本进行分析，以确定腐殖质、氮、磷、钾等的含量。若是水渍化土壤，还要确定水浸出物的含量。

②将外业调查记录加以整理使之系统化，并根据外业资料及实验室分析结果，确定土壤名称、土壤理化性质与肥力状况，同时绘制出土壤分布图。

（3）水文调查：水文调查的目的在于确定苗圃地的地下水位和水的化学成分。调查时可与土壤调查同时进行，其方法是将剖面钻到一定深度，注意观察出水深度以确定地下水位的深度，选取水样，测定其化学成分。

若圃地内或附近有井，应将井的位置勾绘在地形图上，并记载水井位置、地表与井水区的距离、井水深度、井底岩石。根据分析结果确定水的质量、井的出水量、水井的情况及用途等。

（4）植被调查：通过调查拟建苗圃区域内草本植物，了解在不同自然条件下主要植物群落、种类组成和其生长情况，以及其与培育苗木的关系，为拟定清除杂草措施提供依据。

植被调查一般可与土壤调查同时进行。当对某些植物的生物学特性不够了解时，可利用土壤剖面确定其根系分布情况，并勾绘植物分布图。

植物调查的方法，有经验者多用目测法进行。若为了更准确地确定杂草的种类、覆盖度和生长情况，宜采用样地调查。样地的面积为 1 m×1 m，样地调查与记载按下列顺序进行：①地类、坡向、坡度、土壤类型、植物群落名称、覆盖度等；②各种植物的名称、覆盖度或高度（用密集、稀少、单株表示）、平均高、几年生、根茎性、根蘖性、根系分布情况等。

在勾绘植物分布图时，若土壤有几种类型，要了解各类土壤种植过什么；若是农耕地，要了解前茬种植的作物种类；若是撂荒地，要了解撂荒地的年限；若是荒草地，要了解居民的经济活动和放牧情况。

（5）病虫害调查：病虫害调查的目的在于查明圃地及其周围有哪些病虫害，其蔓延程度及进一步扩大的可能性，以便拟定土壤消毒的方法，并为确定防治措施提供依据，具体调查方法查阅相关参考书。

详细勘测结束后，应对勘测和收集材料进行整理，以备苗圃设计时用。同时编写调查设计说明书，并对苗圃的生产任务、建筑工程、设备、灌溉等主要问题提出建议。

（二）苗圃地设计

苗圃设计要根据最新的科学技术成果，拟定苗圃若干年内的业务工作。其目的在于更好地开展与安排苗圃工作，以便在最短的时间内，用最低的成本培育出优质高产的苗木。

1. 苗圃设计的前提

（1）苗圃面积与生产任务；

（2）拟培育苗木的种类，每年培育的数量和出圃规格；

（3）生产方式和灌溉方式；

（4）必要的建筑工程和设备；

（5）苗圃的人员编制；

（6）人工日、畜工日和机工日的单价；

（7）各种机具的折旧规定。

2. 苗圃设计的根据

（1）苗圃的任务；

（2）各种图面材料（地形图或平面图、土壤图、植被图等）；

（3）苗圃所在地区自然条件的材料；

（4）苗圃所在地区的育苗技术资料；

（5）苗圃附近气象台（站）的有关气象资料；

（6）有关育苗的最新科学技术成果和科研资料。

3. 苗圃调查规划设计内容和方法

根据课程设计内容，应编写设计说明书。说明书可分以下三部分：总论、设计部分和苗木成本估算。

（1）总论：在总论中，主要分析苗圃的经营条件和自然条件，以及对育苗工作的有利因素和不利因素，并提出在育苗技术上应注意的问题。

①经营条件分析

• 苗圃所在地区的位置：说明苗圃的名称，所在省、县、乡和具体地名；说明苗圃地至居民点的距离，对苗圃基本建设的影响；说明各季节工人的来源等。

• 苗圃的交通条件：说明苗圃距铁路、公路、河流的距离，分析其对苗圃运输工作的作用。

• 说明苗圃水源、电源所在地，与苗圃基本建设的关系等；说明水源地位置、类型、储水及季节性供水情况等。

• 指出苗圃机械化的可能条件，包括自然条件和经济条件的分析，如是否借用和购置机械等问题。另外还应说明在整个育苗过程中可达到的机械化程度等。

• 说明苗圃地附近有无天然屏障，如天然林或防护林带等；并指出有无必要设置防护林带。

②自然条件　根据调查的气候条件、土壤、水文、病虫害情况、地形特点、地类及杂草等资料，指出育苗技术的主要问题，如整地、轮作、施肥以及其他育苗技术应注意的主要问题（这里不写具体措施）。

气候　根据离苗圃最近的气象站十年来的观测资料，说明当地气候条件的特征。

每月气温与气温在 0 ℃以上的天数，每月降水量及降水天数，每月土壤温度（不同深度）、每月蒸发量及相对湿度，降雪开始和终止的日期，降雪厚度及地面封冰起止的日期，初霜和终霜的日期，每月主风方向和风速。除了以上气象资料外，如果当地科学研究单位及试验单位有物候观测方面的材料，亦应采用。这些资料可说明气候条件对培育苗木的影响，提出防止各种不良气候因子的必要措施。

土壤　根据土壤分布图和土壤分析资料，说明圃地的土壤种类，分布特点和不同土壤的土层厚度，质地、结构及土壤养分等。从而确定土壤的适用性，并拟定在土壤管理上应采取的措施。如耕作、换茬、施肥等的原则和改善土壤结构等。

地形与水源　说明地形条件及其与育苗的关系，可利用水源（如河流、湖泊等）的情况及分布位置、地下水位等及其与育苗的关系。

病虫害　根据调查圃地及其周围病虫害的种类，蔓延程度及进一步扩大的可能性。拟定在培育苗木前应采取的措施和土壤消毒的方法，在培育苗木过程中应怎样预防，一旦发现应采取的措施等。

杂草　根据圃地的杂草种类及其覆盖度，拟定消灭杂草的措施，如采用除草剂整地、轮作或半休闲等，在育苗过程中应进行中耕除草的次数和时间等。

（2）设计部分：

①苗圃的生产任务与面积计算

苗圃的生产任务　苗圃的生产任务应由它的专门用途来确定，任务中要指出育苗的种类（注明各类苗木占总数的百分比）、数量、规格，以及其他技术要求等。

如果上述任务在建立苗圃任务书中没有明确提出来，就应由设计者根据苗圃的主要任务和苗木供应地区的种植与绿化计划加以确定。

苗圃除了生产苗木的任务外，还有提供营养繁殖种条供本圃使用的任务。为此，还可能要设置采条母树区，其面积大小是由插穗或接穗的需要量，每株母树可能采集的数量、采集周期等确定。

苗圃面积的计算　计算苗圃面积前须先确定苗木的种类、数量、规格要求、出圃年限、育苗方式、轮作制以及单位面积的产苗量等。

苗圃地的总面积包括生产用地和非生产用地（辅助用地）面积两部分。直接用于育苗和休闲的土地面积称为生产区面积，包括播种育苗区、扦插育苗区、移植苗区、设施育苗区等。非生产用地面积包括道路、房舍、固定灌溉排水系统、蓄水池、制肥场、苗木窖、场院、防风林、沟篱等所占用的土地面积。非生产用地的面积不高于苗圃总面积的20%~25%。在计算各种苗木所需生产地面积时，要考虑到在培育苗木的过程中可能会受到损失，因此应将计划产苗量增加3%~5%。各个育苗树种所占面积的总和，即为生产用地的总面积，将其加上非生产地的面积即为苗圃面积。

——播种区面积计算。在计算播种区面积之前，要考虑整个育苗生产过程，根据育苗树种的生物学特征，圃地环境条件，确定是否采用轮作及轮作制，同时还要根据上述条件及育苗技术，将来使用的机器与机具，以及单位面积（或长度）的产苗量等条件来确定作业方式和育苗图式（株行距、组距、带距等），确定后即可计算面积。计算结果填表Ⅳ-1。

表IV-1 播种区面积计算表

次序	育苗树种	育苗年龄	育苗图式（cm）	每公顷带的总长度（m）	每公顷播种沟总长度（m）	每米长生产苗量（株）	每公顷产苗量（万株）	生产任务（万株）	育苗和休闲区所需面积（hm²）			
									一年生	二年生	休闲地	合计
1	2	3	4	5	6	7	8	9	10	11	12	13
总计												

——移植区（或插条区）的面积计算。计算移植区和插条区的面积时，要根据树种的生物学特性、环境条件及抚育时所使用的工具等条件，确定育苗图式（如株行距）和轮作制，然后根据任务书中所规定的苗木年龄即可计算面积。具体方法是，先根据考虑育苗图式计算单位面积产量，然后计算面积。计算时，为了补充育苗过程中损失的苗木数，要增加6%的生产任务。计算结果填表IV-2。

表IV-2 移植苗区（或插条苗区）面积计算

次序	育苗树种	苗木年龄	育苗图式（株行距或行组距）（cm）	每公顷苗木产量（株）	生产任务（万株）	育苗和休闲区所需要的面积（hm²）			
						第一年	第二年	休闲	合计
1	2	3	4	5	6	7	8	9	10

——辅助用地面积计算。辅助用地面积包括道路、建筑物、灌溉沟、排水沟、蓄水池、防护林、生篱、场院及积肥场等。用地规格（如宽度、长度、大小等）应参照定额表、笔记或参考书等来确定，在不影响育苗工作需要的原则下，辅助用地面积越小越好。计算结果填表IV-3。

表Ⅳ-3　辅助用地面积计算表

序号	名称	长度（m）	宽度（m）	面积（m²）	合计
1					
2					
3					
合计					

②区划　通过苗圃地区划，充分合理地利用土地，便于生产管理。区划时首先熟悉各种图面材料，结合生产任务、各树种苗木特性、所需面积、苗木培育期内各技术过程及应用的机具与自然条件等进行综合考虑，可得出一个区划的初步方案，将此初步方案勾绘成草图。在对初步方案征求意见修改之后，即可进行正式区划。苗圃区划时，还应注意以下事项：

● 道路网的设置要结合经营条件和交通的需要，无论是已有的或将要设置的道路，都要保证能通到苗圃的各个生产区。苗圃的道路网应保证在苗圃内所用的车辆、机器和机具通行方便，而且能有转弯的地方（最好用周围圃道）。面积较大、运输较多的苗圃主干道应保证通行两辆对开的汽车或拖拉机。其支干道能供一辆汽车、畜力车或拖拉机通行即可。在保证上述原则下，应尽量使其占地面积达到最小。

● 苗圃场院的面积无一定规定，应根据具体情况设置，一般为 0.2～1 hm²。

● 灌溉和排水渠道的设置要根据地形、水文等因子进行安排，灌溉的方向必须与耕作方向一致，输水的距离不宜太远。

● 苗圃建筑物不应占用好地，但以选择地势高、排水良好且能照顾到全圃方便的地段为宜。为了便于运输工作，苗圃建筑物应设在重要交通线附近，以便汽车和其他交通工具能直接到达。

● 苗圃耕作区的面积一般以 1～3 hm² 为宜。在耕作区中为了灌溉方便，还应区划出几个灌溉水区，灌水长度一般以 50 m 左右为宜，如灌水距离太长，会给灌溉工作带来许多困难。

● 苗圃的防护林、篱垣等根据需要而设，原有的能利用尽量利用。

③平面图绘制　根据区划的结果绘制苗圃区划平面图，比例尺为 1:2000。平面图上要表示出各类苗木生产区和轮作区、道路、井、灌溉和排水渠道、建筑物、场院及防护林等的位置。对于道路和排灌系统的规格以及区划原则应有简单的说明。

④各树种育苗技术措施设计　这是课程设计最重要的部分，设计的中心思想应该是以最少的费用，从单位面积上获得优质高产的苗木。为此要充分运用所学理论，根据苗圃地的条件和树种特性，借鉴生产实践中现有的先进经验，拟定出先进的、正确的技术措施。

技术设计要按树种顺序说明育苗各个工序的技术措施，并扼要说明采取这些措施的理由。如两个树种育苗某个工序在措施上与另一树种相同时可略，提出"参照××树种"便可。

播种苗一般培育工序设计

——整地、施基肥、作床。要说明整地时间与要求，施用基肥种类、数量和方法，苗床长度、宽度、高度，步道沟、边沟、中沟的宽度和深度。

——播种和播种地管理。确定播种前种子处理的方法、播种方法、播种时期、播种量等，播种地管理主要拟定覆盖物、灌溉、除草、揭草等措施。

——苗木抚育。拟定除草、松土、灌溉、追肥、间苗、遮阴和病虫害防治等抚育措施，说明各项措施进行的具体要求。

——苗木出圃。拟定起苗、分级、统计、假植、包装等措施。

扦插苗一般培育工序设计

——枝条的采集和制穗。说明采条母树来源和选择标准、采集时期、插穗截取方法（长度、粗度、切口部位、形状等）。

——整地、施基肥和作床。同播种苗培育。

——扦插。包括扦插前对插穗的处理、扦插时期、扦插株行距、扦插深度等。

——苗木抚育。根据扦插苗培育特点，有针对性地选择叙述抚育方法。

——苗木出圃。拟定起苗、分级、统计、假植、包装等措施。

根据接受的设计任务和所规定的育苗树种及其特性，与圃地条件密切结合，将各树种的育苗技术措施安排妥当。然后把所拟定好的育苗措施按完成的年、月/旬次序填入表Ⅳ-4，并结合使用的机具写好技术措施要点说明书。

表Ⅳ-4以亩为设计单位，计算时必须按照相关部门所批准的劳动定额和物料定额与定价进行，依据育苗技术措施的要求，分别填入表Ⅳ-4内，即可计算各项育苗技术措施的育苗费。

育苗技术措施是对表Ⅳ-4的说明。设计时，要按作业年度、作业顺序逐项说明其要点，基本技术不加叙述。每一作业年度结束时，要空一格，在第三栏写"小计"。并将7~15栏内的数字分项进行累计。全部作业年度结束时，将各小计进行合计，即可得出某树种育苗措施所需的各种工日及其支出费用。

移植苗一般培育工序设计　在苗圃中把苗木从原来的育苗地移栽到另一育苗地（移植苗区）继续培育，称为移植。其目的在于为苗木创造良好的生长环境和充足的发育空间，改善通风、透光条件，促进侧根和须根的生长，促进苗木生长发育，培育出园林绿化所需要的合格壮苗。"四旁"及城市绿化用苗不但要求苗木高大健壮，且要求特定的形状，因而只有通过移植培育，才能达到出圃要求。

——移植苗培育年限及移植次数。培育大苗所需年限及移植次数，依树种生长快慢及培育目的和要求而定。一般园林绿化苗木，移植2~3次或更多次，每次移植培育2~3年。

——移植苗的年龄。以经历一个年生长周期作为一个苗龄单位计算，移植苗的年龄和移植次数，可以用一组数字表示。

第一个数字表示苗木移植前在苗床生长的周期数。第二个数字表示第一次移植后继续培育的生长周期数。第三个数字表示第二次移植后继续培育的生长周期数。随着移植次数的增加，数字递增。各数字间用一短横线连接。

各数字之和即为该移植苗的苗龄，称为几年生。如1-0表示1年生未移植苗，2-2-2表示6年生移植两次，每次移植后培育2年的移植苗。

——移植季节。移植季节取决于当地气候条件和树种特性。春季适合于各树种的移植，为主要的移植季节。从土壤解冻至树液流动前均可进行。北方在土壤解冻后立即开始。在树种方面，前期生长类型以及萌芽早的应早移，如松类。温暖湿润的南方，可在秋季移植，即在地上部停止生长而根未停止生长时进行，以利移植后苗木根系的恢复。常绿树种北方在雨季移植，南方在梅雨季移植。

——移植密度。移植密度以保证在移植后苗木生长有足够的营养面积和能提高单位面积苗木产量为原则。因此，要根据树种生长特性（生长速度等）及苗木培育年限、抚育管理方法及苗圃经营水平、自然状况等而定。一般园林绿化苗木移植后培育1～2年的，株距15～40cm，行距30～80cm。一般阔叶树种较针叶树种密度小。苗木喜光性强、生长迅速、枝条横向扩展、侧根发达、培育年限长、圃地土壤肥沃、气候温暖的，密度应小些。

——移植前苗木的修剪整理及保护。为提高移植成活率，要求做到随起苗，随移植。为减少以后苗木分化和便于管理，起苗后应首先对苗木进行分级，并进行适当修剪。

深根性树种苗木，为促进侧根发育和避免移植时根系卷曲，可将过长的主根适当剪短。一般根系保留长15～20cm即可。对机械损伤的根系，为防止腐烂，也应进行修剪。常绿阔叶树种，为减少蒸腾，可适当剪去部分枝、叶。

对萌芽力强的树种，如香樟、悬铃木、泡桐、刺槐、杨树等，为保持地上蒸腾与地下吸水平衡，也可适当剪去部分枝条，还可截干移植。截干不仅可提高成活率，而且可形成端直的干形，在培育行道树苗木时，常被采用。

对各级苗木要分区栽植。从起苗至栽植，要始终注意防止苗木的失水，特别要保护好根系，使其保持湿润状态。为此要防止阳光暴晒，并注意遮阴，必要时可洒水保湿。

不易成活的树种苗木，还应带土移植。

——苗木移植方法。有穴植、沟植及孔（缝）植法几种。

——移植苗的抚育管理。移植苗的抚育管理，以灌水和中耕除草为主，其他管理措施如追肥及病虫防治等，与播种苗相似。灌水是保证移植苗成活的关键，而中耕除草，是促进苗木根系发育的重要措施。对萌芽力强的树种以及截干移植苗，要及时除萌，以保证良好的干形及树冠。

（3）成本估算：

在苗木生产过程中，如何提高苗木单位面积产量、质量和降低成本，是苗圃经营管理的中心环节。成本计划就是计划管理中的一项重要内容。

苗木成本可分为直接成本和间接成本两部分。凡是能够根据直接记入某种苗木生产的人工、畜工、机工、种子、肥料、物料、药料等费用计算出来的苗木成本叫作直接成本；凡是不能根据直接记入某种苗木，而又必须分摊到各种苗木上的费用（如各项折旧费、定员工资、公杂费、管理费、维修费等）计算出来的成本叫作间接成本。直接成本和间接成本加在一起叫作综合成本，或简称为成本。通常所说的苗木成本，就是指综合成本。苗木成本一般用元/千株或元/亩来表示。

①每年育苗费用计算　根据任务书中所规定的育苗特点及苗圃地的环境条件，进行全面设计，并且附有各项技术的说明。

做每年育苗技术设计时，根据表Ⅳ-4的格式将育苗全年的生产过程，如施肥、整地、播种、抚育和苗木出圃等项进行全面具体的设计。填表的顺序要根据作业的顺序年、月及旬填写。

表Ⅳ-4　育苗技术措施及劳、畜、机力支出表

编号	工作时间		工作名称	计算单位	总工作量	小组每日的工作定额	小组人数	所需的总劳动日			每日工资（元）			合计（元）		
	年	月/旬						机工日	畜工日	人工日	机工日	畜工日	人工日	机工日	畜工日	人工日
1	2	3	4	5	6	7	8	9	10	11	12	13	14	15	16	17

表Ⅳ-4的内容要按树种和苗木种类分别填写，具体内容如第四栏要根据各项育苗技术实际生产工序的先后，按年、月/旬的次序分别填入，其他各栏根据表中的规定参考定额表填写和计算。

苗圃辅助地的除草和修排水沟等的开支，要列在表Ⅳ-4之后，单独计算，因为这些费用将分给各种树种的苗木。

在表Ⅳ-4之后要有一个既有理论又有具体措施的设计说明。说明书的主要内容包括培育苗木全部生产过程中的育苗技术说明。例如，施肥和整地说明在何时用何种肥料及其用量，施用方法、深度，使用的工具及其必要的事项说明。

至于苗木的抚育保护工作，要说明目的、技术要求、开始与停止时期和必要的理论分析以及有关项目总的次数等。

说明的内容要全面且有必要的理论分析。此外，在说明中要指出对于苗圃辅助用地的管理要求和次数。

②种苗量和三料用量的计算　将每年对各树种的育苗技术设计完成之后，根据设计的内容计算所需要的种子、苗木、肥料、药料和物料的数量及其费用。

种子量的计算：可用表Ⅳ-5计算种子的数量和费用。可利用前面计算出的播种地面积计算填表，种子的价格可调查市场或相关人员获得。播种量可根据公式计算。

表IV-5　种子用量及费用计算表

编号	树种名称	面积（hm²）	1hm²面积上播种行总长（m）	播种区播种行的总长（m）	1m长的播种量（g）	需要的种子总量（kg）	1 kg种子的价格（元）	种子总价（元）
1	2	3	4	5	6	7	8	9

表IV-6　苗木（或插穗）用量及费用计算表

编号	苗木（或插穗）的名称	面积（hm²）	育苗图式	每公顷所需要的苗木（或插穗）数	总面积共需苗木（或插穗）数	每千株苗木（或插穗）的价格（元）	总价（元）
1	2	3	4	5	6	7	8

表IV-7　三料用量及费用计算表

编号	品名	单位	每公顷的用量	施用面积（hm²）	施用总量	单价（元）	总价（元）	备注
1	2	3	4	5	6	7	8	9

　　苗木的计算　培育移植苗时，要计算苗木的数量及其所需的费用（表IV-6）。

　　三料的计算　三料是指肥料、药品和以上表中不能列入的物品，如荫棚、草类作物或牧草的种子等。根据所设计的每年育苗的技术内容，计算三料的用量和价格，计算结果填表IV-7。

③全年工作计划及人员编制

全年工作计划的编写 见表Ⅳ-8，根据每年育苗技术设计中各种工作名称、时期，所需的机工日、畜日和人工日编写全年工作计划，将表Ⅳ-4中的作业名称转入本表中，但机工日、畜工日、人工日要记在完成该项工作的相应月纵栏内，将相同工作名称的机工日、畜工日、人工日加到一起转到本表的相应月份中。

全年的工作计划表要按年编制，以说明每年工作对机工、畜工和人工的需要量，在各月栏内算出总数，根据总数可以计算出每月所需的机器、畜力及人力，并计划如何满足这些需要。

表Ⅳ-8 苗圃全年工作计划表

编号	作业名称	一 月			二 月			三 月			四 月			五 月			六 月		
		机工日	畜工日	人工日	机工日	畜工日	人工日	机工日	畜工日	人工日	机工日	畜工日	人工日	机工日	畜工日	人工日	机工日	畜工日	人工日
1	2	3	4	5	6	7	8	9	10	11	12	13	14	15	16	17	18	19	20

编号	作业名称	七 月			八 月			九 月			十 月			十一月			十二月		
		机工日	畜工日	人工日	机工日	畜工日	人工日	机工日	畜工日	人工日	机工日	畜工日	人工日	机工日	畜工日	人工日	机工日	畜工日	人工日
1	2	21	22	23	24	25	26	27	28	29	30	31	32	33	34	35	36	37	38

工具计划 根据固定工人的人数和全年工作计划表中每月的用工量和畜工日来确定手工具和畜力工具的数量，并计划其总价和一年折旧费。用表Ⅳ-9计算折旧费，该表折旧费的分配原则见建圃开支费的计算部分。

表Ⅳ-9　手工具和畜力工具等费用表

编号	工具名称	数量	单价（元）	总价（元）	使用年限（年）	一年的折旧费总额（元）

　　人员编制　一个固定苗圃应有固定工人，人数填入表Ⅳ-10。固定工人的人数确定后，根据自己的认识谈谈劳动组织的优化组合，最充分地调动人的积极性，以便最大地提高劳动生产率。

表Ⅳ-10　苗圃工作人员编制表

职　别	人数	每月工资	每年工资	备　注
苗圃主任				
技术员				
会计员				
勤杂人员				
合　计				

　　④建圃开支费用计算　建圃开支费用指建圃必须要做的，在育苗工作中不再每年重复进行的工作项目的设计，如修建建筑物、道路、灌溉和排水渠道、蓄水池，营造防护林或生篱，开荒整地及农耕地，不再每年重复进行的浅耕灭茬等工作项目所用之费用。除了上述项目之外，在新建苗圃的工作中，还要考虑圃地测量、平整圃地、苗圃区划和改良土壤等工作。计算建圃开支时，参照表Ⅳ-11。

表Ⅳ-11　建圃一次性开支及其折旧费表

编号	项目	计算单位	总工作量	单位价格（元）	总价（元）	折旧期（年）	一年的折旧总价（元）	各种苗木应得的折旧费（元）			
								苗木1	苗木2	苗木3	…
1	2	3	4	5	6	7	8	9	10	11	12

⑤苗木成本的计算及说明　苗木成本包括直接成本和间接成本，直接成本是直接用于该苗木的生产费用，如表Ⅳ-4的育苗费、表Ⅳ-5至表Ⅳ-7的育苗费和三料费等。而间接成本不是直接用于该种苗木的费用（如干部开支、建圃开支、苗圃支出预算等）、工具折旧费（如手工具和畜力工具折旧费等）。

　　苗圃支出预算包括干部和勤杂人员的工资，办公费，建筑物的每年修缮费和工人的福利费等开支。计算时可参照表Ⅳ-12，表Ⅳ-13。

　　在实际生产中，苗圃支出预算有时每个项目都要单独编制预算，但在本课程设计中只大概计算总额即可。

表Ⅳ-12　苗圃支出预算表

支出项目	总价（元）
工　资	
办公费	
建筑物每年修缮费	
其　他	
合　计	

表Ⅳ-13　苗木成本估算

开支项目	苗木的成本				
	劳、畜、机力支出	种子用量及费用	苗木（或插穗）用量及费用	三料用量及费用	其他费用
1	2	3	4	5	6

　　计算支出预算之后，可计算苗木的生产成本。计算苗木成本时应用表Ⅳ-13，将表Ⅳ-4至表Ⅳ-7的费用转到表Ⅳ-13的有关苗木栏内，将表Ⅳ-9和表Ⅳ-11的一年折旧总额和表Ⅳ-12合计，按苗木每年占地的面积或每年育苗费的总额成正比地分配给有关的苗木。如此将各种苗木的直接生产费和间接生产费相加即得苗木的成本。播种以千株为计算单位，移植苗和插条苗以百株为计算单位。

五、作业

1. 撰写苗圃调查规划设计说明书。
2. 完成相关表格的计算、填写。
3. 完成苗圃规划设计图制作。

4. 撰写实习总结。

附：苗圃调查规划设计说明书编写提纲

设计说明书是园林苗圃规划设计的文字材料，它与设计图是苗圃设计不可缺少的组成部分。图纸上表达不出的内容，都必须在说明书中加以阐述。一般分为总论和设计两部分进行编写。

1. 总论

主要叙述该地区的经营条件和自然条件，并分析其对育苗工作的有利和不利因素，以及相应的改造措施。

1.1　经营条件

（1）苗圃位置及当地居民的经济、生产及劳动力情况；

（2）苗圃的交通条件；

（3）动力和机械化条件；

（4）周围的环境条件（如有无天然屏障、天然水源等）。

1.2　自然条件

（1）气候条件；

（2）土壤条件；

（3）地形与水源；

（4）病虫害及植被情况。

2. 设计部分

2.1　苗圃的面积计算

2.2　苗圃的区划说明

（1）耕作区的大小；

（2）育苗区的配置；

（3）道路系统的设计；

（4）排、灌系统的设计；

（5）防护林带及篱垣的设计。

2.3　育苗技术设计

2.4　建圃的投资和苗木成本计算

3. 结语

附 表

附表1 主要树种种子采收处理一览表

树种	采种年龄（年）	开花期	果实（种子）成熟期	果实（种子）成熟期限（年）	果实种类	果实成熟时特征	处理种子方法	50kg果出种量（%）	纯度（%）	发芽率（%）	每0.5kg粒数（万粒）	种子贮藏
马尾松	20~25	4月	11月中旬~12月	2	球果	黄褐色	球果堆积脱脂后暴晒	2~3	90~95	80~90	4~5	干藏
台湾松	30~60	4月	11月中旬~12月中旬	2	球果	黄褐色	球果堆积脱脂后暴晒	2~3	90~95	84~88	3~4	干藏
湿地松	>20	2~3月	9月	2	球果	由青变褐色	脱脂后暴晒	3~4		45~70	1.4~1.7	5℃以下低温贮藏
火炬松	10~15	3~4月	10月	2	球果	果鳞尖端变黄，稍裂	脱脂后暴晒晒粒	3~4	95	80	1.5~2.2	干藏
杉木	15~30	4月	10月下旬~11月中旬	2	球果	球果棕褐色，鳞片微裂	暴晒去鳞片针叶	2~4	90~95	30~50	5.8~6.4	干藏
柳杉	30~60	3~4月	10~11月	1	球果	由青色变草灰色	晒裂	4~7	90~95	50~60	10.0	干藏
福建柏	30	3~4月	10月	2	球果		晒裂	4	90~95	60~65	10~16.5	干藏
柏木	20~60	3~4月	8~9月下旬	2	球果		稍阴干	6~7	90~95	60~70	15~17	干藏
麻栎	20~60	4月	10月	1	坚果	刺蒲呈棕黄色	浆果搓搓，用水漂洗，阴干	60~80	95~100	90	0.01	拌湿沙贮藏
檫树	15~40	3月	7月下旬~8月	1	核果	蓝黑色	浆果揉搓，漂去果皮，阴干	25~28	90~95	80~90	0.7~0.83	拌湿沙贮藏

（续）

树种	采种年龄（年）	开花期	果实（种子）成熟期	果实（种子）成熟期限（年）	果实种类	果实成熟时特征	处理种子方法	50kg果出种量（%）	纯度（%）	发芽率（%）	每0.5kg粒数（万粒）	种子贮藏
香樟	30~80	4月下旬~5月	11~12月	1	浆果状核果	黑色	脱皮漂洗	20~25	90~95	80~90	0.4~0.55	湿藏
楠木	30~80	4月	11~12月	1	核果	由青变蓝黑色		40~50	92~99	80~95	0.2~0.3	湿沙贮藏
鹅掌楸	15~30	4~5月	9~10月	1	聚合果				90~95	60	1.0~1.2	干藏
大叶桉	10~30	4~5月	9月中下旬	2	蒴果	黑色	阴后晒干，果裂取出种子	4~6	90~95	70~80	25~30	干藏
木荷	30~50	4月下旬~5月	11月	1	坚果	深褐色	暴晒	4~8	90~95	35~45	8~10	干藏
苦槠	20~50	5月	10月	1	坚果	黄褐色	阴干脱粒	80	90	70~85	0.04~0.05	沙藏
甜槠	20~50	5月	10月	1	坚果	黄褐色	晒干	70~80	90	80	0.045	沙藏
青冈栎	25~50	5月	10~11月	2	坚果	种皮黄褐色	稍阴干		95~100	72~85	0.04~0.06	拌湿沙贮藏
栓皮栎	25~35	4月下旬~5月	10月下旬~11月	1	坚果	种皮黄褐色	稍阴干		95~100	80~90	0.015	拌湿沙贮藏
小叶栎	25~40	5月	10~11月	1	坚果	种皮黄褐色	稍阴干		95~100	90	0.02~0.03	拌湿沙贮藏
苦楝	15~40	5月	11~12月	1	核果	核果黄色	堆沤、搓揉、洗净、阴干	20~40	90~95	80~90	0.03	拌湿沙贮藏
泡桐	10~30	3~4月	10~11月	1	蒴果	蒴明铜黄色	堆沤、搓揉、洗净、阴干	3~6	85~95	30~50	82~86	袋藏

（续）

树种	采种年龄（年）	开花期	果实（种子）成熟期	果实（种子）成熟期限（年）	果实种类	果实成熟时特征	处理种子方法	50kg果出种量（%）	纯度（%）	发芽率（%）	每0.5kg粒数（万粒）	种子贮藏
枫香	30~60	3月	10月	1	聚合果	球果青黑色	晒干筛出种子		60~78	50	9~17	干藏
臭椿	20~40	6~7月	9~10月	1	翅果	翅果黄色	晒干去果梗		85~93	50~65	1.5~1.7	袋藏
酸枣	15~50	4月	9~10月	1	核果	黄色	堆沤、搓去果肉、洗净、阴干		95	60~70	0.03~0.04	拌土沙贮藏
枫杨	15~30	4~5月	8~9月	1	翅果	翅果黄褐色	晒干果翅再阴干		90~95	40~50	0.48~0.56	干藏
刺槐	15~25	5~6月	9月下旬~10月	1	荚果	荚果灰褐色	晒后轻打，筛子净种	20~30	90~95	70~80	2.3~2.8	干藏
重阳木	20~30	5月	11月下旬~12月	1	浆果状	赤褐色	除去果皮阴干		90~95	70~90	5.8~7.8	袋藏
无患子	20~25	6月	10月下旬~11月	1	核果	淡黄色	除去果皮阴干	60	95	65	0.03~0.04	沙藏
楝树	20~25	6~7月	9月下旬~10月	1	蒴果	黄褐色	除去果皮再晒干	18	95	70~80	0.46	干藏
女贞	15~25	6~7月	10~11月	1	浆果状核果	浆果蓝黑色	堆沤、揉搓、洗净、阴干	25	90	56	1.05~1.1	沙藏
喜树	15~20	4月	10~11月上旬	1	翅果状	黄色	暴晒后去果梗		95	60~70	0.62~1.0	干藏

（续）

树种	采种年龄（年）	开花期	果实（种子）成熟期	果实（种子）成熟期限（年）	果实种类	果实成熟时特征	处理种子方法	50kg果出种量（%）	纯度（%）	发芽率（%）	每0.5kg粒数（万粒）	种子贮藏
悬铃木	20～25	4月	11月中下旬	1	聚合坚果	黄褐色	晒干棒打，筛子净种	0.5	55～70	20～30	11～13	干藏
梧桐	15～30	4月	8～9月中下旬	1	蓇葖果	黄色，有皱纹	晒干棒打，筛子净种	30～40	95～100	85～90	0.34～0.5	干藏
油茶	20～60	10月	10月中旬～11月	2	蒴果	红褐色	阴干，果裂去壳，不暴晒	20～30	82～100	90～99	0.03～0.04	拌干沙贮藏
油桐	6～10	4～5月	10～11月	1	核果	苹果红色	阴干，果裂去壳，不暴晒	30～40	95	90	0.01	拌干沙贮藏
千年桐	20～30	6月	11月	1	核果	苹果红色	阴干，果裂去壳，不暴晒	40	95	90	0.01	拌干沙贮藏
乌桕	20～40	6月	11月	1	蒴果	蒴果裂开露出白色果肉	浸水去蜡	60～70	95	75～85	0.3～0.35	拌沙贮藏
棕榈	15～25	4月	11月	1	核果	黄褐色	阴干		95	35	0.09～0.1	混沙贮藏
黑荆树	4～5	3月	6月	1	荚果	黑褐色	脱荚处理			70～90	6.5	袋藏
板栗	20～50	5月	9月中旬～10月上旬	1	坚果	刺蒲黄褐色，裂开	阴干，果自裂开，筛壳取种		98～100	85～95	58～73（粒）	拌干沙贮藏，每百公斤种子加水1.5～1kg

（续）

树种	采种年龄（年）	开花期	果实（种子）成熟期	果实（种子）成熟期限（年）	果实种类	果实成熟时特征	处理种子方法	50kg果出种量（%）	纯度（%）	发芽率（%）	每0.5kg粒数（万粒）	种子贮藏
厚朴	15~25	3~4	10~11月	1	蓇葖果	果实黄褐色;种子红色	暴晒,自裂取种	20~30	85	60	0.16~0.18	袋藏
漆树	20	5~6月	10月	1		黄褐色	去蜡			50~70	0.9~1.1	干藏
梓树	10~20	10月	10月下旬~11月	2	蒴果	黄褐色	阴干,果自裂取种	40		60	0.05	沙藏或即播
桑	10~20	3月	5月中旬	1	聚合果	桑果紫黑色	揉搓,去果肉,洗净,阴干	15	90	60~85	30~38	沙藏或即播
枣	20~60	4~5月	9~10月	1	核果	暗赤色	打烂,淘净	60			0.05~0.07	湿沙分层贮藏
柿树	13~100	5~6月	9~10月	1	浆果	红皮	去果肉取种			60	0.06	拌层沙贮藏
枇杷	15~30	10~11月	5~6月	2	核果	乳黄色	去果肉取种					沙藏
梨	8~20	3~4月	8月中下旬	1	核果	黄绿色	去果肉取种					混沙贮藏
桃	5~10	3~4月	7月中旬~8月上旬	1	核果	淡绿色,带紫红晕	去果肉取种	9			0.02	混沙贮藏
李	8~15	3~4月	7月	1	核果	茄紫色	去果肉取种					混沙贮藏
梅	10~30	12~1月	6月	1	核果	青绿色	去果肉取种					混沙贮藏
柑橘类	8~15	4~5月	10月下旬~11月	1	柑果	橙黄色	去果肉取种					沙藏

附表2 主要树种播种育苗情况一览表

树　种	播　种　期	播种方法	每亩播种量（经选种）(kg)	覆土深度(cm)	发芽日期(d)	覆草及遮阴情况	1年生苗	
							苗产苗量（万株）	高度（cm）
马尾松	1~3月上旬（宜早）	条播、撒播	6~7	1	15~20	覆草	16~10	20~30
台湾松	1~3月上旬（宜早）	条播、撒播	6~6.5	1	15~20	覆草	15~20	15~20
湿地松	3月	条播、撒播	4~5	0.6~1.0		覆草	3~4	25~35
火炬松	3月上旬	点播、密播移芽	2~3	0.5~0.1		覆草	3~4	25~35
杉　木	2月中旬~3月中旬	条播	6~8（已选种）	0.5~1.0	21	覆草	6~10	25~30
柳　杉	2月中旬~3月中旬	撒播、条播	5~7.5	0.5~1.0	21	覆草	10~15	25~30
水　杉	2月中旬~3月中旬	条播	2.5（已选种）	0.5	21	覆草	10~15	40
福建柏	2~3月		1~1.5			9月底遮阴	4~5	25~35
麻　栎	2、3月上旬~11、12月	点播、条播	100~150	3~4	28		1.5~2.5	40~50
檫　木	秋季、2月中旬~3月上旬	条播	5~7	1~1.5		覆草	2~3	60~100
樟　树	在小雪至惊蛰期间	条播	12~15	1~1.5	7~10	覆草	2.5	70以上
桉　树	秋季、春季	撒播	1~2	0.2		覆草	1~1.5	50~150
鹅掌楸	1~3月	条播	1.5~2.5				2~3	60~80
楠　木	1~3月	条播	15~20	1~2			3	30~40

（续）

树　种	播　种　期	播种方法	每亩播种量（经选种）(kg)	覆土深度 (cm)	发芽日期 (d)	覆草及遮阴情况	1年生苗 亩产苗量（万株）	1年生苗 高度 (cm)
木荷	2月中旬~3月上旬	条播	2.5~3	0.2~0.3	15	覆草	2~3	15~40
青冈	2、3月上旬~11、12月	条播	100~125	2~3			2~3	15~20
栓皮栎	秋季、春季	条播	100~150	3~4			1.5~2.5	40~50
苦槠	2~3月	条播	100				2	35~45
甜槠	3~4月	点播	50~60				2	20~30
酸枣			30~40				0.6~0.8	70
苦楝	冬季或早春	条播	20~25	2~3			1~2	100~150
泡桐	惊蛰前后	撒播	0.5~1	0.3~0.5	35		0.45~0.5	100~150
枫香	2月	条播、撒播	1~1.5	0.5	21		3~4	40~60
香椿	2月中旬~3月上旬	条播	5~7.5	0.5~1.0	28		1~2	80~100
枫杨	春季	条播	12	1~2	15		1.5~2.0	30~40
刺槐	2~3月	条播	3	0.5~1.0	15	覆草	1.0~1.5	100~120
槐树	春季	条播	10~12.5	1.5~2.0		覆草	3~4	100~120
重阳木	春季	条播	1.5~2			覆草	1.5~2.0	100~120

（续）

树种	播种期	播种方法	每亩播种量（经选种）(kg)	覆土深度（cm）	发芽日期（d）	覆草及遮阴情况	1年生苗	
							亩产苗量（万株）	高度（cm）
无患子	2~3月上旬	条播	60~75	3			3~3.5	80~100
女贞	2~3月上旬	条播	10~15	2~3	84	覆草	5~8	25~30
喜树	2月底~3月中旬	条播	4~6	1~2	28		1~1.5	60~80
悬铃木	2月底~3月中旬	撒播	0.5~1	0.3~0.5		覆草	2~3	100~150
梧桐	2月底~3月中旬	条播	25~30	1~1.5			2~3	100~150
油茶	11~12月	条播	60~80	2~3			2.5~3.0	20~25
油桐	1~3月上旬	条播、点播	75	5	28		0.8~1.0	80~120
乌桕	2~3月上旬	条播	10	1~2	49		1.5~2.0	60~80
黑荆树	无霜害秋播，有霜害晚春播	撒播	15	1	3~5	覆草	1	50~60
漆树	2~3月	条播	15				1.0~1.2	>50
棕榈	立春至惊蛰	条播	60~70	2~3	40~60	覆草	3~4	2年生 3~4对子叶
板栗	秋季、春季	点播	100~125	4~5	35		1.0~1.5	50~70
杜仲	2月中旬~3月上旬	条播	4~5	0.5~1.0			1~2	60~80
柿树	2月	条播	20	1			1~1.5	30~50
枇杷	夏季	条播	30	3~4			4~5	15~25
核桃	春季、冬季	点播	100~150	4~6			1.0~1.2	40~50

附表 3　1 年生苗分级标准表

cm

树 种	一 级		二 级		三 级		备注
	苗高	地径	苗高	地径	苗高	地径	
银 杏	>25	>0.50	>20	>0.50	>15	>0.40	
金钱松	>20	>0.30	>15	>0.20	>10	>0.15	
马尾松	>25	>0.25	>20	0.20	>15	>0.15	
台湾松	>25	0.25	>20	>0.20	>15	>0.15	
火炬松	>35	>0.50	>25	>0.40	>20	>0.30	
湿地松	>30	>0.50	>25	>0.40	>20	>0.30	
杉 木	>30	>0.40	>25	>0.35	>20	>0.30	
柳 木	>30	>0.40	>25	>0.35	>18	>0.30	
池 杉	>100	>1.20	>80	>0.70	>60	>0.50	
水 杉	>60	>0.60	>50	>0.50	>40	>0.40	
侧 柏	>40	>0.40	>35	>0.35	>30	>0.30	
柏 木	>30	>0.40	>25	>0.30	>18	>0.25	
千头柏	>25	>0.25	>20	>0.20	>15	>0.15	
意大利杨	>100	>2.00	>150	>1.50	>100	>1.00	
香 樟	>60	>0.80	>40	>0.60	>30	>0.40	
檫 树	>60	>0.80	>40	>0.60	>30	>0.40	
大叶含笑	>100	>1.00	>70	>0.70	>40	>0.40	
合 欢	>120	>1.50	>100	>0.80	>80	>0.60	
刺 槐	>200	>2.00	>150	>1.50	>100	>1.00	
喜 树	>80	>1.00	>60	>0.80	>40	>0.50	
川 楝	>140	>1.40	>120	>1.20	>100	1.00	
酸 枣	>120	>1.20	>100	>1.00	>80	>0.80	
枫 香	>80	>1.00	>70	>0.90	>60	>0.80	
悬铃木	>200	>2.00	>150	>1.50	>100	>1.00	扦插
悬铃木	>100	>0.80	>80	>0.50	>60	>0.40	实生
板 栗	>100	>1.00	>80	>1.00	>60	>0.50	嫁接
板 栗	>60	>0.50	>50	>0.50	>40	>0.40	实生
苦 槠	>60	>0.60	>40	>0.50	>30	>0.40	
麻 栎	>80	>0.80	>60	>0.60	>50	>0.50	
枫 杨	>150	>1.50	>120	>1.20	>100	>1.00	
木麻黄	>80	>0.40	>60	>0.35	>50	>0.30	

（续）

树种	一级		二级		三级		备注
	苗高	地径	苗高	地径	苗高	地径	
杜 仲	>100	>1.50	>70	>0.80	>50	>0.60	
油 桐	>120	>1.20	>100	>1.00	>80	>1.00	
千年桐	>120	>1.20	>100	>1.00	>80	>1.00	
乌 桕	>100	>1.00	>80	>0.90	>60	>0.60	
油 茶	>30	>0.5	>20	>0.30	>15	>0.20	
大叶桉	>200	>2.00	>150	>1.40	>100	>0.90	
赤 桉	>200	>2.00	>150	>1.40	>100	>0.90	
枳 椇	>100	>1.00	>90	>0.90	>80	>0.80	
臭 椿	>120	>1.00	100	>0.90	>80	>0.80	
香 椿	>100	>1.00	>85	>0.90	>70	>0.80	
苦 楝	>120	>1.20	>100	>1.00	>80	>0.80	
重阳木	>80	>0.60	>70	>0.60	>60	>0.50	
女 贞	>70	>0.50	>60	>0.40	>50	>0.30	
油橄榄	>70	>0.50	>60	>0.40	>50	>0.30	
泡 桐	>300	>5.00	>200	>3.00	>100	>2.00	